Kalyani Singh
Monica Malik

Diabetes tipo 2: Qualidade de vida e modo de medicação

Kalyani Singh
Monica Malik

Diabetes tipo 2: Qualidade de vida e modo de medicação

ScienciaScripts

Imprint

Any brand names and product names mentioned in this book are subject to trademark, brand or patent protection and are trademarks or registered trademarks of their respective holders. The use of brand names, product names, common names, trade names, product descriptions etc. even without a particular marking in this work is in no way to be construed to mean that such names may be regarded as unrestricted in respect of trademark and brand protection legislation and could thus be used by anyone.

Cover image: www.ingimage.com

This book is a translation from the original published under ISBN 978-620-2-01425-0.

Publisher:
Sciencia Scripts
is a trademark of
Dodo Books Indian Ocean Ltd. and OmniScriptum S.R.L publishing group

120 High Road, East Finchley, London, N2 9ED, United Kingdom
Str. Armeneasca 28/1, office 1, Chisinau MD-2012, Republic of Moldova, Europe
Printed at: see last page
ISBN: 978-620-7-68456-4

ÍNDICE DE CONTEÚDOS

<u>**RECONHECIMENTO**</u>

No decurso dos meus estudos, fui orientado por um certo número de personalidades experientes e cultas, às quais ficarei eternamente grato.

Em geral, os pais dedicam muito amor e afeto aos filhos, mas sinto que, no meu caso, a sua ajuda e encorajamento foram extraordinários. Reconheço, por isso, a ajuda e a paciência que me deram os meus pais, irmãos e familiares, que suportaram as minhas horas de trabalho, tanto cedo como tarde

A orientação especializada do Dr. Anil Bhansali (Chefe do Departamento de Endocrinologia, PGIMER, Chandigarh) sobre os aspectos técnicos contribuiu muito para a conclusão deste trabalho e também para me proporcionar uma experiência valiosa, que também será útil para o meu futuro.

Estou grata à minha orientadora, a Sra. Monica Malik, que não só me guiou em todas as etapas, como também me encorajou nos meus fracassos e falhas. Nunca a vi perder a paciência com o meu trabalho abaixo da média.

Falharei se não mencionar a ajuda que me foi prestada pelas minhas amigas Ravleen Kaur, Vasudha e Aman, que têm sido um pilar da minha força. Para além de me darem apoio moral e orientação, foi o seu entusiasmo que tornou o ambiente de trabalho livre de stress.

Um agradecimento especial ao Dr. Adarsh Kohli, ao Dr. Rama, ao Dr. Ravi Kumar e à Sra. Kusum pelo seu apoio e encorajamento incondicional que me ajudaram a concluir este projeto.

Gostaria de estender as minhas sinceras reverências à Sra. Bela Gupta, à Sra. Vandana Saini e à Sra. Jaspreet, funcionárias da biblioteca do Government Home Science College, pela sua cooperação e ajuda.

Estou grato ao Sr. Roop Lal e ao Sr. Vinod pelo seu apoio e pela sua preciosa ajuda.

Estaria a falhar no meu esforço se não apresentasse os meus cumprimentos a todos os meus inquiridos por me terem dado o seu precioso tempo e cooperação.

Kalyani Singh

__INTRODUÇÃO__

De acordo com a Associação Americana de Diabetes e com a consulta da OMS, o termo Diabetes Mellitus foi descrito como uma doença metabólica de etiologia múltipla. Caracteriza-se por hiperglicemia crónica com perturbação do metabolismo dos hidratos de carbono, das gorduras e das proteínas, resultante de defeitos na secreção de insulina, na ação da insulina ou em ambas. Os efeitos de ser diabético incluem danos a longo prazo, disfunção e falência de vários órgãos vitais. A diabetes mellitus pode apresentar sintomas característicos como poliúria, noctúria, polidipsia, polifagia, turvação da visão e perda de peso. Nas suas formas mais graves, a cetoacidose ou um estado hiperosmolar não cetótico que pode evoluir e levar a estupor, coma e, na ausência de tratamento eficaz, até à morte. (1) A diabetes mellitus é, portanto, uma doença metabólica definida por anomalias da glicose em jejum ou pós-prandial e está frequentemente associada a perturbações dos olhos, dos rins, dos nervos e do sistema circulatório. (2)

A Diabetes Mellitus tipo 2 é a forma mais comum de diabetes, constituindo 90% da população diabética. Estima-se que a prevalência global da diabetes aumente para 5,4% até ao ano 2025, contra 4% em 1995. A Organização Mundial de Saúde previu que o maior fardo ocorrerá nos países em desenvolvimento e que se registará um aumento de 170% (de 84 para 228 milhões) nos países em desenvolvimento e de 42% (de 51 para 72 milhões) nos países desenvolvidos. (3)

O número de pessoas com diabetes aumentou de 108 milhões em 1980 para 415 milhões em 2015. A prevalência global da diabetes entre os adultos com mais de 18 anos aumentou de 4,7% em 1980 para 8,5% em 2014. De acordo com o Atlas da Diabetes, a prevalência da diabetes na Índia desceu da primeira posição. Os dados mais recentes mostram o Japão na primeira posição, com uma prevalência de 10,1%. A prevalência da diabetes na Índia é de 7,8%.(4) A prevalência ponderada da diabetes (tanto conhecida como recentemente diagnosticada) foi de 10,4% em Tamil Nadu, 8,4% em Maharashtra, 5,3% em Jharkhand e 13,6% em Chandigarh. A prevalência de pré-diabetes (glicemia de jejum alterada e/ou tolerância à glicose diminuída) era de

8,3%, 12,8%, 8,1% e 14,6%, respetivamente, estando Chandigarh no topo da lista.(19)

A qualidade de vida é um conceito holístico que aborda muitos aspectos da saúde. Foi definido pela Organização Mundial de Saúde (OMS) como *"a perceção que um indivíduo tem da sua posição na vida no contexto da cultura e do sistema de valores em que vive e em relação aos seus objectivos, expectativas, padrões e preocupações".* *(5)*

A diabetes é uma das doenças comuns mais debilitantes que exige uma gestão ao longo da vida, incluindo frequentemente medicação para controlar os níveis de glicose no sangue. O tratamento pode variar em termos de modo de administração (oral, seringa, caneta, bomba), bem como do tipo de agentes antidiabéticos (por exemplo, hipoglicemiantes orais ou insulina). (6) A diabetes provoca complicações que põem a vida em risco e reduzem a esperança de vida. (8) O impacto tanto do medicamento como do sistema de administração do tratamento é multifacetado. Para compreender plenamente as percepções dos doentes sobre o impacto do tratamento no seu funcionamento e bem-estar, é necessário avaliar com exatidão. (6) A qualidade de vida tem sido utilizada como medida do grau de satisfação dos "requisitos de felicidade" das pessoas, ou seja, os requisitos que são condição necessária (embora não suficiente) da felicidade de qualquer pessoa - aqueles "sem os quais nenhum membro da raça humana pode ser feliz". (7)

A diabetes mellitus atingiu proporções epidémicas em todo o mundo. É um fator de risco para uma série de doenças não transmissíveis. (10) Provoca uma morbilidade grave. As complicações da diabetes podem ser divididas em 3 categorias:

- Complicações metabólicas da hipoglicemia e da hiperglicemia. O coma diabético é uma destas complicações metabólicas de carácter particularmente grave.

- Danos nos pequenos vasos sanguíneos (complicações microvasculares) que conduzem internamente a danos na retina - retinopatia, nos rins - nefropatia e nos nervos - neuropatia.

A retinopatia diabética é a principal causa de deficiência visual no mundo ocidental, particularmente entre as pessoas em idade ativa(12,13). A retinopatia diabética pode ser classificada clinicamente em dois tipos: Retinopatia Diabética Não-Proliferativa e Retinopatia Diabética Proliferativa. No primeiro tipo, existem lesões na retina que incluem micro-aneurismas, hemorragias em estilhaços, etc. A presença destas lesões varia em grau, desde ligeiro a moderado, passando por grave e muito grave. Na Retinopatia Diabética Proliferativa, observa-se uma patologia microvascular com encerramento de capilares na retina, levando à hipoxia do tecido. (11)

A nefropatia diabética é clinicamente definida pela presença de proteinúria persistente de >500 mg/dia num doente diabético que tenha concomitantemente retinopatia diabética e hipertensão e na ausência de provas clínicas ou laboratoriais de outra doença renal ou do trato renal. (14) Cerca de 30% das insuficiências renais crónicas na Índia são devidas à nefropatia diabética. (15) A diabetes produz alterações qualitativas e quantitativas na composição da membrana basal capilar e este material alterado sofre glicosilação acelerada e rearranjo adicional para formar produtos finais de glicosilação avançada que estimulam a síntese proteica (16), diminuem ainda mais a degradabilidade da membrana basal (17) e aumentam a sua permeabilidade (18), conduzindo à disfunção.

A neuropatia diabética é definida como a presença de sintomas e ou sinais de disfunção dos nervos periféricos num doente com diabetes, após exclusão de outras causas. (22) No decurso da diabetes, cerca de 20% a 90% dos indivíduos acabam por desenvolver neuropatia diabética. (21)

• Danos nas artérias maiores (complicações macrovasculares) que conduzem ao cérebro - conduzindo a um acidente vascular cerebral, ou ao coração - conduzindo a uma doença coronária, ou às pernas e pés - conduzindo a uma doença vascular periférica.

A diabetes tipo 2 é acompanhada por alguns factores de risco cardiovascular. Os indianos asiáticos têm uma elevada prevalência de síndroma de resistência à insulina que pode sublinhar a sua tendência maior do que o normal para desenvolver Diabetes

Mellitus e aterosclerose precoce. A doença macrovascular ou aterosclerótica é responsável por mais de 50% de todas as mortes em doentes com Diabetes Mellitus tipo 2. (24) A doença cardiovascular é responsável pela maioria dos casos de complicações macrovasculares em diabéticos e os restantes são causados por eventos cerebrovasculares e doença vascular periférica. (25) As razões importantes podem ser o excesso de gordura corporal e o padrão adverso de gordura corporal, incluindo a obesidade abdominal, mesmo quando o índice de massa corporal (IMC) está dentro dos limites normais atualmente definidos. (23) Um estudo realizado por Gupta *et al.* mostra que, paralelamente ao aumento das doenças cardíacas crónicas nas populações urbanas indianas, tem havido um aumento da prevalência de doenças cardiovasculares. Verificou-se um aumento da prevalência da hipertensão, da diabetes, do colesterol LDL elevado, do colesterol HDL baixo e da síndrome metabólica. (26) A mortalidade entre os doentes diabéticos com doença arterial coronária é mais elevada do que entre os não diabéticos.

A doença vascular periférica refere-se a uma doença em qualquer vaso sanguíneo que não faça parte do coração ou do cérebro. A forma mais comum de doença vascular periférica é observada na extremidade inferior, designada por Doença Arterial da Extremidade Inferior (LEAD). A hipertensão aumenta o risco de doença coronária em duas vezes, de doença cerebrovascular em sete vezes e de insuficiência cardíaca congestiva em quatro vezes.

\

Os factores de risco da diabetes incluem o aumento da idade, a duração da diabetes, um controlo glicémico deficiente, o tabagismo, a hipertensão, a dislipidemia e as doenças cardiovasculares. (24) Estes factores também afectam a gestão e a qualidade de vida dos diabéticos.

Assim, tendo em conta estes parâmetros, foi realizado o seguinte estudo para avaliar e comparar a produtividade entre os doentes diabéticos de tipo 2 que tomam medicamentos por via oral, injetável e através de ambos os modos.

Os objectivos do estudo foram os seguintes

•   Avaliar, analisar, captar a produtividade entre os doentes diabéticos de tipo 2 que tomam medicação por via oral, injetável e através de ambos os modos, e explorar, avaliar e comparar os factores demográficos, antropométricos, bioquímicos e de estilo de vida.

•   Avaliar, analisar, captar a produtividade entre os doentes diabéticos de tipo 2 que tomam medicação por via oral, injetável e através de ambos os modos com complicações micro e macro vasculares.

De acordo com a definição da Organização Mundial de Saúde (OMS), a diabetes é uma doença metabólica crónica que ocorre quando o pâncreas não produz insulina suficiente ou quando o corpo não consegue utilizar eficazmente a insulina por ele produzida. A hiperglicemia, ou aumento do açúcar no sangue, é um efeito comum devido à diabetes não controlada e, ao longo do tempo, provoca danos graves em muitos dos sistemas do corpo, especialmente nos nervos e nos vasos sanguíneos. Além disso, a prevalência da diabetes é maior nos homens do que nas mulheres, mas há mais mulheres diabéticas do que homens. (27) A causa da diabetes tipo 2 é uma combinação de resistência à insulina, que se desenvolve a partir da obesidade e da inatividade física, e de uma secreção defeituosa de insulina pelas células beta do pâncreas. A resistência à insulina precede o aparecimento da diabetes tipo 2 e é acompanhada por alguns factores de risco cardiovascular, como a dislipidemia, a hipertensão, etc. (31,106) Num estudo realizado por Redekop et al, observou-se que os doentes mais jovens, os doentes que utilizam insulina e os doentes com níveis mais elevados de Hba1c estavam menos satisfeitos com o tratamento do que os outros doentes. A qualidade de vida diminuiu ligeiramente com a idade e as mulheres referiram uma qualidade de vida inferior à dos homens. (50)

Nos países em desenvolvimento, a maioria das pessoas com diabetes situa-se na faixa etária dos 45 aos 64 anos. (27,28) Em contrapartida, a maioria das pessoas com diabetes nos países desenvolvidos tem mais de 64 anos de idade. A mudança demográfica na prevalência desta doença metabólica em todo o mundo tem-se revelado cada vez mais na proporção de pessoas com mais de 65 anos de idade. Estima-se que, em 2030, o número de pessoas com diabetes com mais de 64 anos de idade será superior a 82 milhões nos países em desenvolvimento e superior a 48 milhões nos países desenvolvidos. (27)

De acordo com Scott et al, vários factores de risco predisponentes têm efeitos paralelos no desenvolvimento da diabetes. Estes incluem a obesidade, a inatividade física, o sexo e o avanço da idade. Em certa medida, estes factores de risco predisponentes exacerbam os principais factores de risco, a dislipidemia, a hipertensão e a intolerância à glicose. (31) A diabetes aumenta significativamente o risco de um indivíduo desenvolver múltiplas complicações microvasculares e macrovasculares. (57) Os doentes com diabetes sentem diferenças significativas na qualidade de vida devido às respectivas complicações e ao tratamento relacionado com a sua doença. (57)

De acordo com a Organização Mundial de Saúde, a qualidade de vida avalia as percepções de um indivíduo no contexto da sua cultura e sistemas de valores, bem como os seus objectivos, padrões e preocupações pessoais. (169) A qualidade de vida influencia as actividades de autocuidado dos doentes, o que pode ter um impacto constante no controlo e na gestão da diabetes. (8) As medidas de qualidade de vida (QV) tornaram-se uma parte vital e muitas vezes necessária da avaliação dos resultados em matéria de saúde. Para as populações com doenças crónicas, a medição da QV constitui uma forma significativa de determinar o impacto dos cuidados de saúde quando a cura não é possível. Nos últimos 20 anos, foram desenvolvidos centenas de instrumentos que pretendem medir a QV. (168) A Índia enfrenta um grave problema de saúde devido à elevada prevalência de diabetes de tipo 2.

Num estudo realizado por Nanne Kleefstra et al, foi investigada a relação entre a qualidade de vida relacionada com a saúde (QVRS) e a mortalidade na Diabetes tipo 2. Este estudo sublinhou que, em doentes com diabetes tipo 2, era importante olhar para além dos parâmetros clínicos. (143)

Num estudo efectuado por Harsimran Singh e Clare Bradley em 2006, foi salientada a necessidade de avaliar a qualidade de vida como um resultado fundamental da gestão da diabetes. O estudo foi realizado com 210 indianos, tendo-se verificado que a autoconfiança era, de um modo geral, mais afetada pela diabetes e que a vida familiar e a liberdade de comer como se desejava eram mais negativamente afectadas. Verificou-se que o tratamento da diabetes pode prejudicar a qualidade de vida dos doentes, mesmo que melhore a sua saúde. (140)

Num estudo realizado para avaliar a qualidade de vida dos doentes diabéticos de tipo

2 (por Redekop et al), verificou-se que a idade avançada, o sexo feminino, a terapêutica com insulina, a presença de complicações e a obesidade estavam associados a uma menor qualidade de vida. (50) Rubin e Peyrot, que analisaram sistematicamente toda a literatura recente sobre diabetes e qualidade de vida, também relataram que a qualidade de vida dos pacientes diabéticos era menor do que a média da população da mesma idade e que a qualidade de vida diminuía com a idade, a presença de complicações e o uso de insulina. (106) Relativamente à associação entre a duração da diabetes desde o diagnóstico e a qualidade de vida, Rubin e Peyrot apresentaram resultados mistos.

Num estudo realizado por Lasaite et al (em 2009) para avaliar as associações do estado emocional e da qualidade de vida com a concentração de lípidos, a duração da doença e a forma de tratamento da doença em homens e mulheres com diabetes mellitus de tipo 2, observou-se que não existiam associações significativas do estado emocional e da qualidade de vida com a duração da doença em homens e mulheres com diabetes mellitus de tipo 2. Não foram encontradas diferenças significativas no estado emocional e na qualidade de vida entre homens e mulheres com diabetes mellitus tipo 2, que foram tratados com preparações antidiabéticas orais e preparações de insulina. (187)

Num estudo transversal realizado por Ashraf et al na Faixa de Gaza no ano de 2006, foi analisada a qualidade de vida de 197 diabéticos e verificou-se que a qualidade de vida estava reduzida nos doentes diabéticos. Todos os domínios foram fortemente reduzidos nos casos diabéticos em comparação com os controlos, com efeitos mais elevados na saúde física e na área psicológica e efeitos mais fracos nas relações sociais e no aspeto ambiental. O impacto da diabetes na qualidade de vida foi especialmente grave nas mulheres e nos indivíduos mais velhos (com mais de 50 anos). O baixo estatuto socioeconómico teve um forte impacto negativo na qualidade de vida no grupo etário mais jovem (<50 anos) (141)

Num outro estudo transversal realizado pelo U.K. Prospective Diabetes Study Group, foi avaliada a qualidade de vida das terapias que melhoram o controlo da glicemia e a pressão arterial em doentes com diabetes de tipo 2. A amostra era constituída por 122 controlos não diabéticos e 372 doentes com diabetes de tipo 2. A qualidade de vida dos indivíduos foi avaliada antes ou no momento da aleatorização e de 6 meses a 6 anos após a aleatorização. Os estudos transversais mostraram que as terapias atribuídas tiveram um efeito neutro, sem melhoria nem deterioração das pontuações de Qualidade de Vida em termos de humor, erros cognitivos, sintomas, satisfação no trabalho ou saúde geral. (142)

Uma boa qualidade de vida é, por si só, um objetivo importante dos cuidados de saúde, mas a demonstração de que a qualidade de vida é um marcador independente de mortalidade na diabetes tipo 2 constitui um incentivo adicional para que os prestadores de cuidados de saúde avaliem a qualidade de vida de forma rotineira nos cuidados à diabetes, permitindo que quaisquer necessidades subjacentes não satisfeitas sejam identificadas e tratadas sempre que possível. (143)

No seu estudo, Huang et al inferiram que os doentes diabéticos sentiam diferenças significativas na qualidade de vida devido a complicações e ao tratamento relacionado com as respectivas doenças. Os doentes classificaram a vida com complicações, especialmente as complicações em fase terminal, significativamente mais baixa do que a vida com os tratamentos efectuados. No entanto, verificou-se que os doentes consideravam que os cuidados globais da diabetes tinham efeitos negativos significativos na qualidade de vida e que estes efeitos eram equivalentes aos da vida com várias complicações intermédias. Parece que as raízes da qualidade do fardo podem ter surgido da perspetiva de tomar a medicação injetável em vez da perspetiva de a tomar por via oral. Assim, de acordo com os factos, ficou implícito que os estados de tratamento com as classificações mais baixas incluem as injecções diárias de insulina e que as utilidades para os cuidados globais da diabetes e os cuidados globais com polipílula não eram significativamente diferentes. (58)

Tal como já foi referido, num estudo realizado pelo UKPDS, verificou-se que muitos doentes com diabetes tipo 2 que enfrentavam a possibilidade de adicionar insulina ao seu tratamento estavam preocupados com o seu efeito na qualidade de vida, com as dores das injecções e com a técnica adequada. Os resultados sugerem que a terapêutica injetável melhorou a qualidade de vida relativamente mais do que a terapêutica oral, mesmo quando foram atingidos níveis semelhantes de controlo glicémico. (29) Por outro lado, num estudo realizado por Redekop et al (2002) com uma amostra de 1348 pessoas com diabetes de tipo 2 nos Países Baixos, observou-se que os doentes tratados com insulina apresentavam uma qualidade de vida inferior à dos doentes que utilizavam terapêutica oral. (50)

■ FACTORES ANTROPOMÉTRICOS

A obesidade é um importante fator de risco independente para a diabetes tipo 2. (58) Os ensaios clínicos demonstraram que a redução de peso com intervenção no estilo de vida pode beneficiar os indivíduos com risco acrescido de diabetes tipo 2. (59,60)

Num estudo realizado por Lopez et. al. foi avaliada a correlação entre a diabetes tipo 2 e a hipoglicemia no que respeita à produtividade e à qualidade de vida. Verificou-se que 55,7% dos doentes sofreram hipoglicemia. Entre estes, verificou-se que a maioria era mais jovem, apresentava níveis elevados de HbA1C, bem como um IMC mais elevado. Devido à doença, as suas actividades sociais e a produtividade no trabalho foram afectadas.(56)

A obesidade, um fator de risco para a Diabetes Mellitus tipo 2 e para as doenças cardiovasculares, está a aumentar a sua prevalência tanto nos países desenvolvidos como nos países em desenvolvimento. Na Índia, a prevalência da obesidade entre os adultos é de 10% a 50%, consoante as definições utilizadas. A obesidade é definida por certos índices antropométricos, como o índice de massa corporal (IMC), a circunferência da cintura (CC) e o rácio cintura/quadril (RCQ). Entre estes, o IMC é o indicador de obesidade mais utilizado, mas não mede a distribuição da gordura corporal e, em particular, a massa de gordura abdominal. (167)

O IMC, ou seja, o Índice de Massa Corporal, tem sido considerado o padrão de ouro para definir o excesso de peso e a obesidade.

O peso é classificado de acordo com os seguintes IMCs: (61)

- Baixo peso <18,5 kg/m^2

- Peso normal 18,5 - 24,9 kg/m^2

- Excesso de peso 25 -29,9 kg/m^2

- Obeso $\geq$ 30 kg/m^2

Verificou-se que a média dos adultos com níveis de IMC de 22-23 kg/m2 se encontrava em África e na Ásia. Os níveis de IMC de 25-27 kg/m2 prevaleciam na América do Norte, em alguns países da América Latina, na Europa, no Norte de África e nas ilhas do Pacífico. O IMC aumentou entre os idosos de meia-idade, que são os que correm maior risco de complicações de saúde. (61)

Estudos efectuados nas regiões setentrionais da Índia revelaram um IMC de corte inferior, <22 kg/m^2 . Dudeja et al também apoiam o ponto de vista de que o IMC <23kg/m^2 pode ser ideal para a população indiana asiática (68,69). O IMC saudável para um indiano adulto é <23kg/m^2 e um IMC >25kg/m^2 é considerado obeso (70).

De acordo com as Directrizes do Painel de Tratamento de Adultos III, do Programa Nacional de Educação sobre o Colesterol, a obesidade abdominal refere-se ao excesso de gordura corporal associado à resistência à insulina, a incapacidade de o corpo responder aos níveis normais de insulina. Os valores de corte para o perímetro da cintura para os homens é de 102 cm (40 polegadas), e para as mulheres é de 88 cm (35 polegadas). (180) Os valores de corte obtidos para a circunferência da cintura e o rácio cintura-anca são também inferiores aos sugeridos anteriormente. Num estudo efectuado por Snehalatha et al (em 2003) em 10 025 adultos, o valor de corte para a circunferência da cintura foi de 90 cm para os homens e 80 cm para as mulheres e, para a RCQ, o valor de corte foi de 0,88 para os homens e 0,85 para as mulheres. (70)

Os asiáticos tendem a ter mais tecido adiposo visceral, o que provoca uma maior resistência à insulina, apesar de terem um índice de massa corporal magro. (63) Um estudo efectuado em Deli mostrou que os indianos asiáticos têm um risco excessivo de doença cardiovascular com um índice de massa corporal (<25 kg/m^2) e valores de perímetro da cintura considerados normais. (64,65)

De acordo com um estudo efectuado por Bhansali et al, a percentagem de gordura corporal calculada pela espessura das dobras cutâneas era de 21,9% nos homens e de 35,15% nas mulheres em indianos nativos da Ásia. Assim, para um limite de IMC convencional de 25 kg/m^2 , a percentagem de gordura corporal para os homens é de 25% e para as mulheres é de 30%. (66)

■ História familiar de diabetes:

Obesidade e história familiar de diabetes; ambos são relativamente fáceis de avaliar e são amplamente utilizados para a identificação de indivíduos com diabetes não diagnosticada.(88) Acredita-se que a história parental de diabetes reflecte a suscetibilidade genética à hiperglicemia. (89) A presença de história parental está associada a um comprometimento da sensibilidade à insulina e/ou da secreção de insulina. (90)

Em comparação com as pessoas de risco médio, as pessoas com risco familiar moderado e elevado de diabetes tinham mais probabilidades de referir um diagnóstico de diabetes, de acordo com um estudo efectuado por Hariri et al. (159)

O UKPDS mostrou que os doentes asiáticos que desenvolveram diabetes tinham uma maior prevalência de familiares em primeiro grau com diabetes conhecida, em comparação com os afro-caribenhos e os caucasianos brancos, aquando do diagnóstico de diabetes tipo 2. (160) A prevalência da diabetes tipo 2 e da tolerância à glicose diminuída de acordo com a história parental de diabetes foi comparada num estudo realizado por Mitchell et al. e observou-se que os homens com uma história parental de diabetes, independentemente do progenitor ou de ambos os progenitores terem diabetes, apresentavam uma prevalência mais elevada de diabetes mellitus tipo 2 e de tolerância à glicose diminuída do que os homens que não referiam história parental. Nas mulheres, por outro lado, apenas a história materna de diabetes foi associada a uma maior prevalência de diabetes mellitus tipo 2 e de tolerância à glucose diminuída. (161)

> FACTORES CLÍNICOS

> **Hipertensão e Diabetes:**

A hipertensão desenvolve-se em pessoas com Diabetes Mellitus tipo 2 a uma taxa duas vezes superior à das pessoas não diabéticas. Um estudo efectuado em Hyderabad mostrou que a prevalência da hipertensão era 1,5-2 vezes superior nos diabéticos em comparação com a população em geral. Além disso, muitos diabéticos de tipo 2 eram hipertensos na altura do diagnóstico. (100) A hipertensão é um dos principais factores que contribuem para a doença aterosclerótica e pode levar a uma progressão mais rápida da nefropatia e da insuficiência renal. A hipertensão desenvolve-se em pessoas com Diabetes Mellitus tipo 2 a uma taxa duas vezes superior à das pessoas não diabéticas. A hipertensão é um dos principais factores que contribuem para as doenças ateroscleróticas e pode levar a uma progressão mais rápida da nefropatia e da insuficiência renal. A prevalência da hipertensão foi de 38% nos indianos, enquanto os acidentes vasculares cerebrais só foram registados em 0,9% dos doentes com diabetes de tipo 2. (96)

A obesidade e a distribuição da gordura abdominal também têm uma associação bem descrita com a hipertensão. (97)

O Framingham Heart Study mostrou também que a obesidade estava associada à hipertensão e que a obesidade androide era um fator de risco independente para o desenvolvimento da hipertensão. (98)

De acordo com o Programa Nacional de Educação sobre o Colesterol atualizado de 2005, o Painel de Tratamento de Adultos III (99), a síndrome metabólica requer a presença de qualquer uma das três das cinco características que incluem a hipertensão. As cinco características são: um perímetro abdominal elevado, glicemia de jejum alterada, colesterol HDL baixo, triglicéridos elevados e hipertensão.

> **FACTORES BIOQUÍMICOS**

> **Dislipidemia diabética:**

Existe uma estreita associação entre as complicações da diabetes e a dislipidemia diabética. A dislipidemia diabética é responsável por 80% das mortes devidas a complicações cardiovasculares. Há um número crescente de provas que demonstram que a hiperglicemia e a dislipidemia estão associadas a um excesso de risco cardiovascular. (103)

A resistência à insulina e a diabetes tipo 2 estão associadas a um conjunto de anomalias inter-relacionadas dos lípidos e das lipoproteínas plasmáticas, que incluem a redução do colesterol HDL, a predominância de partículas LDL pequenas e densas e níveis elevados de triglicéridos. Cada uma destas características dislipidémicas está associada a um risco acrescido de doença cardiovascular. (91)

De acordo com o Expected Panel on Detection, Evaluation and Treatment of high blood cholesterol in adults, resumo executivo do terceiro relatório do National Cholesterol Education Programme (NCEP) Expert Panel- on Detection, Evaluation and Treatment of High Blood Cholesterol in Adults (Adult Treatment Panel III), a classificação do colesterol LDL, total e HDL é a seguinte (92)

Colesterol total (mg/dL)

<200 desejável

200-239 - limítrofe elevado

$\geq$ 240- alto

Triglicéridos (mg/dL)

<150- normal

150-199- limítrofe elevado

200-499- alto

>500- muito elevado

Colesterol LDL (mg/dL)

<100- ótimo

100-129 ou superior ótimo

130-159- Limite elevado

160-189- alto

$\geq$ 190- muito elevado

HDL (mg/dL)

$\leq$ 40 baixo

$\geq$ 60 de altura

O colesterol HDL >60 mg/dL conta como um fator de risco "negativo"; a sua presença remove um fator de risco da contagem total. (49)

- COMPLICAÇÕES DA DIABETES:

O United Kingdom Prospective Diabetes Study (UKPDS) concluiu que as complicações da diabetes afectam mais a qualidade de vida do que a intensidade global do tratamento (107), ao passo que muitos doentes consideram o tratamento em si mesmo penoso. (108,109) Um estudo efectuado por Redekop et al observou que a obesidade e as complicações, ou seja, microvasculares e macrovasculares, estavam associadas a uma menor qualidade de vida. A presença de complicações foi associada a uma menor satisfação com o tratamento numa análise univariada, mas não foi associada após o ajuste para a idade, a terapêutica com insulina e o nível de HbA1C. (50) A classificação geral da diabetes mellitus tem 2 categorias principais de complicações.

- COMPLICAÇÕES MICROVASCULARES E DIABETES:

> Nefropatia

Quase 30% das insuficiências renais crónicas na Índia devem-se à nefropatia diabética (122) Verificou-se que os indivíduos asiáticos têm uma prevalência significativamente mais elevada (62,6%) de doença renal diabética em fase terminal do que os caucasianos (36,2%) (123) Além disso, os asiáticos migrantes têm um risco 40 vezes maior de desenvolver doença renal em fase terminal (DRT) do que os caucasianos. (124)

Estudos efectuados por John L et al (1991), Chugh KS et al (1989), Acharya VN et al (1978) indicaram que a prevalência de nefropatia diabética em indivíduos diabéticos de tipo 2 é de 5-9 % na Índia. (125,126,127).

A prevalência da nefropatia diabética na Índia foi inferior a 5,5% em Chennai (129) e inferior a 8,9% em Vellore (130), quando comparada com a prevalência de 22,3% dos indianos asiáticos no Reino Unido no estudo de Samantha et al. (131)

No estudo UKPDS, mais de 4000 pacientes com Diabetes Tipo 2 recentemente diagnosticada foram descobertos ao longo de 15 anos, quer sob convenção quer sob um tratamento mais intensivo com anti-diabéticos orais e/ou insulina. O estudo mostrou que, com 12 anos de controlo da glicemia, houve uma redução do risco de 33% no aparecimento de microalbuminúria, 34% de redução do risco de proteinúria e 74% de redução do risco de aumento de duas vezes da creatinina plasmática (132)

> **Neuropatia**

A neuropatia diabética dolorosa requer atenção médica devido aos seus efeitos adversos na qualidade de vida. (133)

Num estudo realizado por Davis M et al, foi observada uma prevalência de Neuropatia Periférica Diabética Dolorosa (PDPN) de 26,4%. Os afectados com neuropatia dolorosa tinham uma pior qualidade de vida do que aqueles com dor não neuropática. (134)

A prevalência da Neuropatia Periférica Diabética Dolorosa (PDPN) é estimada em 32% num estudo realizado em 2003 por Vileikyte. (135)

Num estudo realizado por Currie et. al., a gravidade dos sintomas da neuropatia periférica diabética (DPN) em diabéticos foi correlacionada com a utilidade relacionada com a saúde e a qualidade de vida relacionada com a saúde. Verificou-se que a gravidade dos sintomas da DPN era preditiva de uma má utilidade relacionada com a saúde e de uma diminuição da qualidade de vida. (179)

Num estudo transversal realizado por Davies et al para determinar a prevalência da neuropatia periférica diabética dolorosa (NDPD), verificou-se que os inquiridos afectados tinham uma pior qualidade de vida do que os que não tinham dor (diferença nas pontuações médias de 3,6 [95% CI 2,5-4,6%]) em comparação com os que tinham dor não neuropática [1,7 (0,4-2,9%)]. A dor e a pontuação da neuropatia foram ambas associadas de forma independente à qualidade de vida, e os indivíduos com DPNP apresentaram pontuações de neuropatia significativamente mais elevadas. Um efeito negativo significativo na qualidade de vida, e o aumento da neuropatia foi associado a um risco crescente de desenvolver PDPN. (189)

> Pé diabético

A neuropatia periférica diabética afecta 30-50% dos doentes com diabetes (181). Esta doença complexa afecta diferentes conjuntos de fibras nervosas dos membros inferiores e conduz a uma variedade de manifestações clínicas, incluindo dor e parestesias, dormência nos pés e instabilidade. Além disso, o aumento gradual dos défices neurológicos, que é central na história natural da neuropatia periférica diabética, é frequentemente acompanhado, paradoxalmente, pela melhoria ou mesmo pelo desaparecimento dos sintomas dolorosos (182). Estima-se que cerca de 15% dos indivíduos com neuropatia diabética venham a sofrer uma úlcera no pé durante a sua vida (183). As úlceras do pé diabético causam grande morbilidade e custos de tratamento. Um estudo efectuado por Goodridge D et al avaliou a qualidade de vida em doentes com úlceras do pé diabético não cicatrizadas e cicatrizadas, tendo concluído que os indivíduos com úlceras do pé diabético apresentavam um profundo comprometimento da qualidade de vida física, que era pior nos indivíduos com úlceras não cicatrizadas. (185) Num estudo realizado por Vilekyte and Associates, verificou-se que a qualidade de vida dos doentes era afetada de forma independente devido às úlceras nos pés. (184)

> Retinopatia diabética

A retinopatia diabética é a principal causa de deficiência visual no mundo ocidental, sobretudo entre as pessoas em idade ativa. (12,13) Estima-se que a retinopatia diabética se desenvolva em mais de 75% dos doentes diabéticos no prazo de 15 a 20 anos após o diagnóstico da diabetes. (110,111) Num estudo realizado pelo The *Chennai Urban* Rural *Epidemiology Study* (CURES), observou-se que a prevalência da retinopatia diabética era significativamente mais elevada nos homens do que nas mulheres. Observou-se também que, por cada 2% de elevação da hemoglobina glicosilada, o risco de retinopatia diabética aumentava por um fator de 1,7. (112)

A retinopatia diabética é uma doença vascular da retina que se desenvolve, em certa medida, na maioria dos doentes com diabetes, levando a uma perda substancial da visão em muitos doentes. (113115)

Estudos transversais efectuados concluíram que a retinopatia diabética está associada a uma diminuição da funcionalidade e da qualidade de vida global. (116-118) Uma relação inversa entre a acuidade visual (nitidez da visão) e a qualidade de vida é consistente com os resultados da investigação efectuada em doentes com uma série de doenças oculares, incluindo glaucoma, cataratas, etc. (116,119,120,121)

- **COMPLICAÇÕES MACROVASCULARES E DIABETES:**

Doença das artérias coronárias

Num estudo realizado por Singh RB et al, observou-se que a doença arterial coronária era significativamente mais frequente entre os indivíduos com diabetes do que entre os não diabéticos. No norte da Índia, a diabetes foi significativamente mais associada a indivíduos urbanos do que a indivíduos rurais. (138)

Noutro estudo realizado pelo CURES, foi utilizada a Indian Diabetes Risk Score (IDRS) {desenvolvida pelo CURES}, uma forma muito económica de rastreio da diabetes mellitus tipo 2 (DM2) na população indiana. (170) O IDRS é composto por quatro componentes clínicos simples, nomeadamente a idade, a história familiar de DM, o perímetro da cintura e a atividade física. Através do estudo, verificou-se que os doentes tinham uma maior prevalência de doença arterial coronária se o Indian Diabetes Risk Score (IDRS) fosse igual ou superior a 60, em comparação com os que tinham um Indian Diabetes Risk Score (IDRS) inferior a 60. (139)

> Doenças cardiovasculares

Com o aumento da prevalência da diabetes, o número de pessoas que sofrem de complicações vasculares também está a aumentar.

O risco de doença cardiovascular era três vezes superior nos doentes diabéticos de tipo 2 do Sul da Índia com nefropatia, quando comparados com os seus homólogos não nefropatas.

A morbilidade e a mortalidade excessivas das pessoas com diabetes mellitus de tipo 2 devem-se principalmente ao aumento do risco de doenças cardiovasculares, risco esse que, por sua vez, é determinado pela hiperglicemia, hipertensão e hiperlipidemia. (137)

As complicações da fase terminal são, portanto, as que mais afectam a qualidade de vida. (58)

- **HBA1C E DIABETES:**

A hemoglobina glicada (HbA1c) é uma medida fiável da exposição glicémica a longo prazo (153) que se correlaciona bem com o risco de complicações micro e macrovasculares da diabetes.(154, 155) O nível de carga glicémica cumulativa que era considerado controlável no passado pode já não proteger os doentes de hoje. Antes de 2004, a Associação Americana de Diabetes (ADA) recomendava que a HbA1c não ultrapassasse os 8,0% e que os doentes fossem tratados com um objetivo de 7,0% (156). Nas suas Normas de Cuidados Médicos em Diabetes de 2004 (157), a ADA abandonou o "limiar de ação" de 8,0% em favor de uma recomendação geral para tratar a maioria dos doentes até 7,0%. Agora, recentemente, a Associação Americana de Diabetes (ADA) recomendou que as pessoas com diabetes se esforcem para atingir uma meta de A1C inferior a 7%. Uma A1C para uma pessoa sem diabetes é de aproximadamente 4-6% . A ADA está a introduzir um novo termo na gestão da diabetes, chamado "Glicose média estimada" (EAG). A EAG é o número do teste de A1C (também conhecido como hemoglobina glicada ou HbA1c) convertido em níveis médios de glicose no sangue, como visto no medidor de glicose. (142)

O estudo EPIC (European Investigation of Cancer and Nutrition) indicou que uma redução de 0,1% a 0,2% da A1C reduziu o risco de mortalidade total em 5,1%. (158)

- **FACTORES DE RISCO RELACIONADOS COM O ESTILO DE VIDA:**

> Fumar e diabetes:

O tabagismo está relacionado com o desenvolvimento prematuro de múltiplas complicações da Diabetes Mellitus. (77)

Foi encontrada uma associação positiva entre o tabagismo e o risco de diabetes em fumadores e ex-fumadores, o que apoia a ideia de que o tabagismo exerce efeitos a curto e a longo prazo na sensibilidade à insulina e na secreção de insulina. (78)

O tabagismo pode contribuir para o desenvolvimento da diabetes através de alterações na distribuição da gordura, que está associada à resistência à insulina, e através de um efeito tóxico direto no tecido pancreático. Foi demonstrado que a cessação do tabagismo aumenta a sensibilidade à insulina e melhora o perfil lipoproteico, apesar de um modesto aumento de peso. (79,80) Foram relatados níveis mais elevados de hemoglobina glicosilada em fumadores actuais do que em ex-fumadores. (87)

Muitos doentes com Diabetes Mellitus tipo 2 correm o risco de sofrer complicações micro e macro vasculares, o que pode ser observado em fumadores inveterados. O consumo de cigarros aumenta o risco de incidência da diabetes tipo 2. A nicotina, reconhecida como a principal substância química farmacologicamente ativa do tabaco, é responsável pela associação entre o consumo de cigarros e o desenvolvimento da diabetes. (82) Estudos clínicos e experimentais realizados por Borggreve SE et al (2006), Despre JP et al (2002) e Heine RJ et al (1980) sugerem que o tabagismo diminui a sensibilidade à insulina e, consequentemente, resulta em distúrbios do metabolismo da glicose e dos lípidos, como a hiperglicemia e a dislipidemia, incluindo colesterol HDL baixo e intolerância lipídica pós-prandial. (83,84,85) Particularmente em doentes diabéticos, é evidente que o consumo de tabaco piora o controlo metabólico. É necessária uma dose maior de insulina para obter um controlo metabólico semelhante nos doentes fumadores e nos não fumadores. (86)

No entanto, um estudo recente realizado por Chieh Yeh et al observou que o consumo de cigarros prevê a incidência de diabetes tipo 2, mas a cessação do consumo de cigarros conduz a um maior risco de diabetes a curto prazo, possivelmente devido ao aumento de peso relacionado com a cessação. Num seguimento de 9 anos de 10 892 adultos sem diabetes no início do estudo, os que fumavam apresentavam um risco mais elevado de diabetes do que os que nunca fumaram (rácio de risco, 1,42 [95% CI, 1,20 a 1,67]). Entre os fumadores que deixaram de fumar, o risco de diabetes foi mais elevado nos 3 anos seguintes a terem deixado de fumar, foi mediado pelo aumento de peso e diminuiu para nenhum risco excessivo aos 12 anos. Os fumadores que deixam de fumar devem receber aconselhamento sobre como evitar o aumento de peso e sobre a prevenção e deteção precoce da diabetes. (81)

> **Consumo de álcool e diabetes:**

Foram efectuados vários estudos para compreender o efeito do consumo de álcool na incidência de diabetes tipo 2 nos homens. Alguns estudos relataram uma associação positiva (144,145), enquanto outros relataram associações nulas (146) ou inversas em relação ao consumo de álcool. (147)

Nas pessoas com diabetes, o consumo moderado de álcool não afectou de forma aguda o controlo glicémico, e os estudos epidemiológicos indicam que o consumo moderado de álcool nas pessoas com diabetes está associado a:

1.   Uma diminuição das doenças coronárias (pode ser uma das poucas formas de aumentar o colesterol HDL),

2.   Uma diminuição do risco de doença coronária, e

3.   Um risco reduzido de mortalidade. (148)

A associação entre o consumo de álcool e o risco de diabetes tipo 2 permanece inconsistente, particularmente no que respeita às diferenças entre homens e mulheres.

Este estudo confirma que o consumo elevado de álcool aumenta o risco de diabetes nos homens de meia-idade. Contudo, níveis mais moderados de consumo de álcool não aumentam o risco de diabetes de tipo 2 nem nos homens de meia-idade nem nas mulheres. De acordo com o estudo, os homens que bebiam >21 bebidas/semana, ou seja, 402 gramas por semana, tinham o maior risco de diabetes. (149)

Os mecanismos dos efeitos benéficos do álcool incluem efeitos positivos na resistência à insulina, HDL, colesterol, agregação plaquetária e fibrinólise. Uma vez que o doente diabético tem um risco especialmente elevado de doença cardíaca isquémica devido a estes factores, o consumo moderado de álcool não deve ser desencorajado. Os riscos a curto prazo da ingestão excessiva ou contínua de álcool incluem hipoglicemia, intolerância à glicose e acumulação de cetona e lactato. (150) Depois de controlar a idade, a história familiar de diabetes, o IMC, o consumo de cigarros e a atividade física, o risco relativo de desenvolvimento de glicemia de jejum alterada ou diabetes tipo 2 foi menor com um consumo de álcool de 23-45,9 g de etanol/dia. (151)

Simultaneamente, o consumo elevado de álcool contribui para a ingestão calórica excessiva e para a obesidade, para a indução de pancreatite, para a perturbação do metabolismo dos hidratos de carbono e da glicose e para o comprometimento da função hepática. (152)

> **Visualização de televisão**

De acordo com a Organização Mundial de Saúde, estima-se que 1,9 milhões de mortes por ano em todo o mundo sejam atribuíveis à inatividade física. A atividade sedentária está associada a um maior risco de mortalidade prematura e de doenças cardiovasculares, de excesso de peso e obesidade e de resistência à insulina. Entre as crianças, as actividades sedentárias (ou seja, ver televisão/DVDs/vídeos e utilizar o computador) estão associadas ao desenvolvimento da obesidade e a maus hábitos alimentares. Por conseguinte, foram publicadas directrizes para limitar as actividades sedentárias a menos de 2 horas por dia. Atualmente, existem poucos estudos que examinem a associação entre as actividades sedentárias e o risco metabólico em crianças e adolescentes. Além disso, nenhum estudo examinou a associação entre as actividades sedentárias e os marcadores metabólicos de doenças crónicas nos adolescentes. (186)

Numa análise multivariada para a idade, o tabagismo, os níveis de exercício, os factores dietéticos e outras variáveis, cada aumento de 2 horas/dia no tempo de visionamento de televisão foi associado a um aumento de 23% na obesidade e a um aumento de 14% no risco de diabetes; enquanto que cada aumento de 2 horas/dia no tempo de permanência sentado no trabalho foi associado a um aumento de 5% na obesidade e a um aumento de 7% na diabetes. Em contrapartida, estar de pé ou caminhar em casa 2 horas/dia foi associado a uma redução de 9% da obesidade e de 12% da diabetes. (162)

> **Padrão de sono**

A qualidade e a quantidade do sono predizem de forma consistente e significativa o risco de desenvolvimento da diabetes tipo 2. Os padrões de quantidade e qualidade do sono são afectados por uma variedade de influências culturais, sociais, psicológicas, comportamentais, fisiopatológicas e ambientais. As mudanças na sociedade moderna incluem horários de trabalho mais longos e disponibilidade 24 horas por dia, 7 dias por semana. Consequentemente, a duração do sono foi reduzida para menos horas por dia. (71) Há cada vez mais relatos de fadiga, cansaço e sonolência diurna excessiva. (72) As durações curtas e longas do sono aumentam o risco de desenvolver diabetes. Independentemente de factores de confusão, a duração do sono pode representar um novo fator de risco para a diabetes. 7 horas de sono serviram como grupo de referência. (29)

De acordo com Meslier N. et al, as estimativas sugerem que até 40% das pessoas com Apneia Obstrutiva do Sono terão diabetes (74). Nas pessoas com diabetes, a prevalência da Apneia Obstrutiva do Sono pode ser de 23% (West SD et al) (75) e a prevalência de alguma forma de distúrbios respiratórios do sono pode atingir 58% (Resnick HE et al). (76)

Num estudo efectuado por Francesco et al, que incluiu 10 estudos (1 07 756 participantes do sexo masculino e feminino e 3 586 casos incidentes de diabetes tipo 2), foi apresentada uma associação entre as medidas da quantidade de sono habitual e a incidência de diabetes tipo 2. Foi observado um padrão inequívoco e consistente de aumento do risco de desenvolver diabetes tipo 2 em ambos os extremos da distribuição da duração do sono e com perturbações qualitativas do sono. Foi registado um risco de 28% nas pessoas que dormiam menos de 5-6 horas/sono e de 84% nas pessoas com dificuldades em manter o sono. A longa duração do sono foi igualmente associada a um maior risco de diabetes de tipo 2. O risco relativo de aumento da diabetes por ano de seguimento foi estimado em 2% para o sono curto e 7% para o sono longo. (73)

METODOLOGIA

O presente estudo foi realizado numa amostra de 400 doentes diabéticos de tipo 2, dos quais 200 eram do sexo masculino e 200 do sexo feminino. O estudo foi efectuado em doentes consecutivos que apresentavam diabetes de tipo 2 e que visitavam o B.O.D., Departamento de Endocrinologia, do P.G.I.M.E.R., Sector 12, Chandigarh. O estudo comparativo foi efectuado através de 2 questionários.

O primeiro foi um questionário concebido pelo próprio. (Anexo I) O questionário abrangia os seguintes parâmetros:

> Informações demográficas

> Medidas antropométricas

> Análises clínicas

> Análises bioquímicas

> Informações sobre os factores de risco

> Informações sobre o estilo de vida

> Complicações

> Tratamento

O segundo questionário utilizado foi o questionário "The Diabetes Productivity Measure (DPM)". O DPM, ou seja, o questionário de Medida da Produtividade da Diabetes, era composto por perguntas sobre a forma como a diabetes influencia a capacidade de um doente ser produtivo ou realizar tanto quanto gostaria na sua vida quotidiana. Este questionário era composto por 16 perguntas de cinco pontos, centradas nas realizações da vida quotidiana. Estes questionários eram específicos da diabetes e, por conseguinte, foram utilizados para medir o impacto dos tratamentos medicamentosos na gestão da diabetes através do relato do doente sobre a satisfação com o tratamento, a produtividade e a experiência dos sintomas.

Questionário auto-elaborado

O questionário auto-elaborado foi utilizado para recolher informações sobre os parâmetros acima referidos. O questionário auto-elaborado que foi utilizado incluía perguntas que foram discutidas e editadas e reeditadas com a ajuda dos respectivos guias. Para estudar todos os parâmetros e obter o máximo de informação dos doentes, foram incluídas perguntas abertas e fechadas. As perguntas foram mantidas simples, não ambíguas e isentas de qualquer tipo de preconceito religioso ou cultural. As perguntas foram adaptadas ao contexto indiano. Foram formuladas de forma a que os doentes pudessem responder-lhes livremente. Algumas perguntas foram colocadas de formas diferentes para que se pudesse obter informação exacta de forma educada.

Foi efectuado um estudo-piloto com alguns indivíduos para testar a praticabilidade e a viabilidade do questionário. Nesta base, foram introduzidas alterações adequadas nas perguntas para obter clareza nas respostas. Após o aperfeiçoamento do questionário, foi efectuada uma entrevista estruturada a cada um dos participantes no estudo

Informações demográficas

As informações demográficas de cada amostra foram registadas cuidadosamente. Foram anotados o nome, a idade, o sexo, a morada, a situação rural/urbana e os números de contacto de cada amostra. Também foram anotadas as habilitações literárias, a profissão e o rendimento mensal. Perguntou-se a cada amostra se algum familiar sofria de diabetes. Estes familiares incluíam os pais, os avós, os irmãos, os tios e as tias maternos e paternos. Se algum membro ou membros destes familiares fosse diabético, esse facto era registado. Os hábitos alimentares dos inquiridos também foram questionados. Os inquiridos foram questionados sobre a idade em que a diabetes se instalou e há quanto tempo eram diabéticos.

Medidas antropométricas

As medições foram efectuadas para cada doente diabético de tipo 2 em todas as variáveis antropométricas, incluindo altura, peso, circunferência da cintura e da anca.

Foram efectuados três conjuntos completos de medições e a média dos três valores foi utilizada na análise estatística.

A altura foi medida com os indivíduos de pé, descalços, com os calcanhares juntos, os braços de lado, as pernas esticadas, os ombros relaxados e a cabeça no plano horizontal de Frankfort, com os calcanhares, as nádegas e as omoplatas encostados a uma parede vertical.

O peso corporal total dos indivíduos foi medido com uma balança digital de portal firme com uma precisão de 0,5 kg.

De acordo com as normas recomendadas pela Organização Mundial de Saúde de 1987, o IMC foi calculado como peso (kg)/altura (m^2). O valor de corte para o IMC normal para os asiáticos é de 23 kg/m^2. (70)

O perímetro da cintura e a relação cintura/quadril (RCQ) medem a distribuição da gordura corporal, que é um indicador da deposição de gordura intrabdominal ou visceral. O perímetro da anca e o perímetro da cintura foram medidos com fita métrica revestida a plástico. O perímetro da cintura foi medido colocando o macaco a meio caminho entre a margem inferior da última costela e a crista do íleo no plano horizontal, tendo sido pedido aos indivíduos que se mantivessem numa posição relaxada, sem puxar o estômago para dentro. O perímetro da anca foi medido colocando a fita sobre a parte mais larga das nádegas e à volta da anca, com os braços ao lado do corpo e os pés juntos. Assim, a obesidade abdominal foi calculada como:

Obesidade abdominal (relação cintura-anca) = ~~cintura redonda (cm) anca~~ redonda (cm)

O valor de corte para o perímetro da cintura foi de 90 cm para os homens e 80 cm para as mulheres. O rácio cintura-quadril >0,88 nos homens e >0,85 nas mulheres. (70)

Análises clínicas

A pressão arterial foi medida com uma aproximação de 2 mm Hg com um esfigmomanómetro normalizado. Foram efectuadas duas medições com um intervalo de cinco minutos. A média das duas medições foi calculada.

Foi-lhes perguntado se eram hipertensos. Foi-lhes perguntado se tomavam atualmente algum medicamento prescrito para a hipertensão.

Análises bioquímicas

Foram avaliadas as informações bioquímicas de todos os inquiridos. Foram anotados os relatórios do perfil lipídico, da glicose plasmática em jejum, da glicose plasmática pós-prandial e dos níveis de HbA1C. Os relatórios do perfil lipídico que foram anotados eram recentes, ou seja, entre o período de 6 meses a partir da data em que os inquiridos foram questionados.

Informações sobre os factores de risco

As informações sobre os factores de risco, que eram o tabagismo e o consumo de álcool, foram avaliadas através de perguntas simples aos sujeitos, como: "Consome álcool?". Em caso afirmativo, foi perguntado o tipo e a frequência do consumo.

Da mesma forma, foram colocadas questões relacionadas com o tabagismo, tais como: "Fuma?", e, em caso afirmativo, o número e o tipo de cigarros fumados por dia. Os indivíduos que deixaram de fumar ou de beber álcool durante o último ano foram considerados ex-fumadores e ex-bebedores, respetivamente.

Estilo de vida

A informação sobre o estilo de vida foi avaliada através do conhecimento das horas de visionamento da televisão e das horas de sono dos doentes. Para saber as horas de sono, foram-lhes feitas perguntas simples como: "Quantas horas dorme durante todo o dia?" A pergunta também foi dividida em "quantas horas dorme durante a tarde e durante a noite?", de modo a obter o número exato de horas de sono. Os inquiridos que declararam dormir sete horas por dia constituíram o grupo de referência. (29)

De igual modo, foram colocadas questões relacionadas com o visionamento de televisão, tais como: "quantas horas de televisão vê durante todo o dia?"; "quantas séries vê durante todo o dia?"; "vê notícias na televisão? Durante quanto tempo?", foram feitas perguntas. As directrizes da Organização Mundial de Saúde para as horas de televisão não ultrapassam as 2 horas. (186)

Complicações

Foram inquiridas várias complicações microvasculares e macrovasculares em doentes com diabetes de tipo 2. Os doentes foram questionados sobre se tinham problemas nos nervos, nos rins e nos olhos, nomeadamente neuropatia, nefropatia e retinopatia (complicações microvasculares), respetivamente. Os processos e relatórios dos doentes foram também consultados para avaliar se sofriam de alguma destas complicações. Os níveis de creatinina sérica e de proteínas de 24 horas foram registados nos últimos relatórios dos doentes que sofriam de nefropatia. Perguntou-se aos doentes com retinopatia se tinham efectuado algum tratamento nos olhos.

Foi também perguntado aos doentes se tinham algum problema cardíaco, como doença das artérias coronárias ou doença cardiovascular. Foi-lhes perguntado se tinham colocado ou não um stent, no primeiro caso, e qualquer deficiência neurológica, no segundo.

Verificou-se se os doentes tinham ou não pé diabético e, caso tivessem, se estava curado ou não.

O DPM, ou seja, o questionário da Medida de Produtividade da Diabetes, é composto por perguntas sobre a forma como a diabetes influencia a capacidade de um doente ser produtivo ou realizar tanto quanto gostaria na sua vida quotidiana.

Este questionário era composto por 16 perguntas de cinco pontos, centradas nas realizações da vida quotidiana

Análise estatística

Os dados recolhidos de cada doente foram registados num formulário previamente concebido, bem como nos questionários validados. Antes de introduzir os dados numa folha de cálculo Excel, o formulário e os questionários validados foram revistos para detetar qualquer informação incompleta. Depois de preencher as entradas na folha de cálculo Excel, os dados foram novamente verificados para detetar qualquer possível erro do teclado.

A análise estatística foi efectuada utilizando o Statistical Package for Social Sciences (SPSS Inc., Chicago, IL, versão 15.0 para Windows). Todas as variáveis quantitativas foram estimadas utilizando medidas de localização central (média, mediana) e medidas de dispersão (desvio padrão e erro padrão). As médias foram comparadas utilizando ANOVA (análise de variância) de uma via para mais de dois grupos. Para dois grupos, foi aplicado o teste t. As variáveis qualitativas ou categóricas foram descritas como frequências e proporções. As proporções foram comparadas utilizando o teste do Qui-quadrado ou o teste exato de Fisher, consoante o que fosse aplicável. Todos os testes estatísticos foram bicaudais e efectuados com um nível de significância de $\alpha=.05$

RESULTADOS

1) Distribuição das amostras em função do modo de medicação

			Medicamentos			Total
			oral	injeção	ambos	
Sexo	Homens	Contagem	90	52	58	200
		% no âmbito da medicação	48.9%	52.5%	49.6%	50.0%
	Mulheres	Contagem	94	47	59	200
		% no âmbito da medicação	51.1%	47.5%	50.4%	50.0%
Total		Contagem	184	99	117	400
		% no âmbito da medicação	100.0%	100.0%	100.0%	100.0%

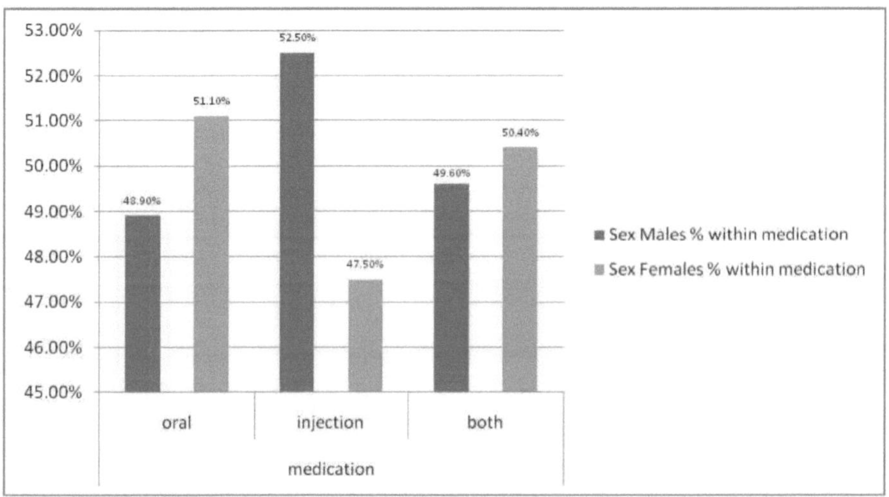

Como se pode ver no quadro acima, é evidente que um maior número de mulheres toma a medicação por via oral do que os homens, ao passo que um maior número de homens toma a medicação por injeção. Aproximadamente o mesmo número de homens e mulheres tomava a medicação através de ambos os modos.

<u>Medida de produtividade da diabetes</u>

<u>80 pontos perguntas</u>

Na tabela, quanto maior a média, menor a produtividade das amostras para realizar suas tarefas como pretendiam. No questionário de Medida de Produtividade em Diabetes, foram avaliadas as realizações na vida quotidiana das amostras de diabéticos tipo 2. Embora as amostras que tomam medicação injetável tenham sido avaliadas como tendo uma produtividade mais baixa, a diferença foi estatisticamente insignificante neste domínio.

2) Distribuição das amostras com base na Medida de Produtividade da Diabetes e nos modos de medicação

Diabetes	Medicamentos	N	Média ± DP
Produtividade	**Oral**	184	30.37 ±12.38
Medida	**Injeção**	99	32.95 ±12.42

| (80 pontos) | Ambos | 117 | 31.63 ±11.95 |
| questões) | Total | 400 | 31.38 ±12.28 |

3) Medida de produtividade da diabetes entre géneros

Medicamentos	Sexo	N	Média±SD	Significado
Oral	Homens	90	28.23 ±11.94	0.024* I
	Mulheres	94	32.38 ±12.50	
Injeção	Homens	52	31.09 ±11.80	0.117 I
	Mulheres	47	35.02 ±12.88	
Ambos	Homens	58	29.31 ±10.99	0.037*
	Mulheres	59	33.91 ±12.49	

* significativo ao nível de 0,05

Na tabela acima, observou-se que as mulheres tinham uma média mais elevada do que os homens, o que mostrava que as mulheres não conseguiam realizar as tarefas que pretendiam quando comparadas com os homens em todas as categorias de medicação. Observou-se que a diferença era estatisticamente significativa nas amostras que tomavam medicação por via oral ou através de ambos os modos.

4) Medida de produtividade da diabetes e idade

Medicamentos	Idade (anos)	N	Média± DP	Significado

Oral	**<20**	1	17.00 ±0.0	0.103
	20-29	4	20.00 ±5.47	
	30-39	20	28.90 ±9.45	
	40-49	37	34.91±13.40	
	50-59	60	30.23±12.02	
	60-69	53	28.63±12.65	
	>=70	09	32.37±13.03	
	Total	184	30.37±12.38	
Injeção	**<20**	01	33.00 ±0.0	
	20- 29	0	0.0 ±0.0	
	30-39	01	27.00 ±0.0	
	40-49	26	30.03±10.53	0.458
	50-59	32	35.18±13.42	
	60-69	27	35.11±13.44	
	>=70	12	29.0 ±11.04	
	Total	99	32.95±12.42	
Ambos	**<20**	0	0.0 ±0.0	0.248
	20- 29	0	0.0 ±0.0	
	30-39	7	28.71 ±12.07	
	40-49	24	34.62±12.68	
	50-59	53	31.86±11.60	
	60-69	23	27.47±10.97	

>=70	10	34.80±13.17
Total	117	31.63±11.95

Na tabela acima, a produtividade das amostras que tomam medicação por via oral foi observada como sendo máxima entre as do grupo etário com menos de 20 anos, embora o número fosse muito baixo. Entre as amostras que tomam medicação através de injecções, a produtividade máxima foi sentida entre as do grupo etário dos 30-39 anos. Além disso, a produtividade máxima entre as amostras que tomam medicação através de injecções foi observada no grupo etário dos 60-69 anos. A diferença foi estatisticamente insignificante em todas as categorias.

5) Medida de produtividade da diabetes e níveis de ensino

Medicamentos	**Educação**	**N**	**Média± DP**	**Significado**
Oral	**Analfabeto**	21	18.54±3.50	0.002**
	Primário	06	17.50±4.03	
	Meio & Matrícula	62	18.19±5.32	
	diploma e +2	11	19.66±2.95	
	Licenciado	58	16.34±5.82	
	Superior a Licenciado	26	15.40±5.85	0.002**
	Total	184	17.30±5.23	
Injeção	**Analfabeto**	11	34.72±12.3	
	Primário	06	46.0±12.36	0.015*
	Meio & Matrícula	26	37.57±11.39	

	diploma e +2	09	28.22±10.18	
	Licenciado	32	28.43±10.99	0.015*
	Mais alto do que Licenciado	15	30.93±13.35	
	Total	99	32.95±12.42	
Ambos	Analfabeto	09	36.55±11.30	0.660
	Primário	05	33.20±11.21	
	Meio & Matrícula	32	30.93±12.63	
	diploma e +2	13	29.23±12.02	
	Licenciado	44	32.56±11.35	
	Superior a Licenciado	14	28.78±13.42	
	Total	117	31.63±11.95	

** altamente significativo ao nível de 0,01

*significativo ao nível de 0,05

Observou-se que nas amostras que tomavam medicação por via oral ou injetável, a produtividade, ou seja, a capacidade de realizar as tarefas como se pretendia, era maior nas amostras com grau de escolaridade superior e superior. Nas amostras medicadas por ambas as vias, a produtividade máxima foi observada nas amostras cuja escolaridade era superior à licenciatura. Observou-se que a diferença foi estatisticamente significativa entre as amostras com escolaridade entre analfabetos com nível superior à graduação que estavam tomando medicação por via oral e entre primários com nível de graduação entre os que estavam tomando medicação por via injetável.

6) Medida de Produtividade da Diabetes e Ocupação

Medicamentos	Ocupação	N	Média± DP	Significado
Oral	reformado/sem trabalho	50	28.95 ±13.44	0.493
	Serviço	33	28.36 ±10.61	
	Dona de casa	70	32.41 ±12.60	
	trabalhador/agricultor	03	31.00 ±9.16	
	Negócios	28	30.03 ±12.15	
	Total	184	30.37 ±12.38	
Injeção	reformado/sem trabalho	22	31.72 ±12.95	0.105
	Serviço	21	29.42 ±10.60	
	Dona de casa	35	34.91 ±12.95	
	trabalhador/agricultor	05	44.80 ±7.32	
	Negócios	16	31.31 ±12.26	
	Total	99	32.95 ±12.42	
Ambos	reformado/sem trabalho	24	28.04 ±11.25	0.269
	Serviço	31	34.00 ±12.42	
	Dona de casa	46	32.21 ±11.76	
	trabalhador/agricultor	03	38.66 ±12.85	

Negócios	13	28.92 ±11.99	
Total	117	31.63 ±11.95	

Nesta tabela, observou-se que, entre as amostras que estavam a tomar medicação por via oral, as donas de casa se sentiam menos produtivas na realização das suas tarefas. Os trabalhadores e os agricultores que tomavam medicação através de injecções e de ambos os modos foram considerados menos produtivos, pois não conseguiam realizar as tarefas que desejavam. A diferença foi considerada estatisticamente insignificante em todas as categorias.

7) Medida de produtividade da diabetes e duração da diabetes

Medicamentos	Duração da diabetes	N	Média± DP	Significado
Oral	**< 6meses**	31	29.12±12.03	0.825
	6 meses-5 anos	56	30.75 ±12.13	
	5 anos ou mais	97	30.56 ±12.72	
	Total	184	30.37 ±12.38	
Injeção	**< 6meses**	0	0.0 ±0.0	0.172
	6 meses-5 anos	18	29.33 ±12.81	
	5 anos ou mais	81	33.76 ±12.27	
	Total	99	32.95 ±12.42	
Ambos	**< 6meses**	0	0 ±0.0	0.118
	6 meses-5 anos	23	35.13 ±10.79	
	5 anos ou mais	94	30.77 ±12.11	

Total	117	31.63 ±11.95

Na tabela acima, observou-se que as amostras de diabéticos recém-detectados que tomavam medicação por via oral eram mais produtivas na realização das suas tarefas em comparação com as amostras da categoria. Entre as amostras que tomavam medicação através de injecções, observou-se uma produtividade máxima naquelas que eram diabéticas no período de 6 meses a 5 anos, ao passo que entre os doentes que tomavam medicação através de ambos os modos, a produtividade na realização de tarefas era máxima naqueles que eram diabéticos há mais de 5 anos. A diferença foi estatisticamente insignificante em todas as categorias.

8) Medida de produtividade da diabetes e IMC

Medicamentos	IMC (kg/m)^2	N	Média ± DP	Significado
Oral	<=23	26	31.68 ±12.52	0.916
	23.1-24.9	23	29.17 ±11.81	
	25-29.9	80	30.12 ±13.00	
	>=30	55	30.46 ±12.10	
	Total	184	30.32 ±12.43	0.191
Injeção	<=23	16	33.50 ±13.04	
	23.1-24.9	09	24.11 ±7.99	
	25-29.9	46	32.82 ±11.85	
	>=30	28	34.25 ±13.65	
	Total	99	32.52 ±12.47	
Ambos	<=23	18	33.44 ±12.62	0.573
	23.1-24.9	14	33.21 ±10.93	
	25-29.9	49	32.16 ±11.64	
	>=30	36	29.38 ±12.54	

Total	117	31.63 ±11.95	

Na tabela acima, entre as amostras que tomam medicação por via oral e por ambas as modalidades, a produtividade mínima foi observada naquelas com IMC abaixo de 23 kg/m^2 . Por outro lado, entre as amostras que tomam medicação através de injecções, a produtividade mínima foi observada naquelas com IMC superior a 30 kg/m^2 . Observou-se que a diferença foi estatisticamente insignificante em todas as categorias.

9) Medida de produtividade da diabetes e circunferência da cintura

Medicamentos	Sexo	Cintura Circunferência (cms)	N	Média ± DP	Significado
Oral	M	<90(M)	12	27.58 ±9.28	0.839
		>90(M)	78	28.34 ±12.36	
	F	<80(F)	05	19.40 ±3.64	0.016*
		>80(F)	89	33.1 ±12.43	
Injeção	M	<90(M)	09	24.88 ±10.74	0.095
		>90(M)	43	32.11 ±11.71	
	F	<80(F)	06	39.83 ±6.67	0.333
		>80(F)	41	34.31 ±13.46	
Ambos	M	<90(M)	12	26.66 ±12.57	0.354
		>90(M)	46	30.00 ±10.58	
	F	<80(F)	05	32.00 ±13.58	0.724
		>80(F)	54	34.09 ±12.51	

* significativo ao nível de 0,05

M- Homens

F- Fêmeas

Na tabela acima, observou-se maior produtividade entre os homens com circunferência da cintura inferior a 90 cm em todas as categorias de modos de medicação.

Entre as mulheres, a produtividade na realização de tarefas foi maior naquelas com circunferência da cintura inferior a 80 cm que estavam a tomar medicação por via oral e através de ambos os modos. Por outro lado, a produtividade das mulheres que tomavam medicação por injeção foi maior nas que tinham um perímetro abdominal superior a 80 cm. A diferença foi estatisticamente significativa nas mulheres que tomavam medicação por via oral.

10) Medida de produtividade da diabetes e relação cintura/quadril

Medicamentos	Sexo	Relação cintura-quadril	N	Média± DP	Significado
Oral	M	<.90(M)	09	31.00 ±12.63	0.839
		>.90(M)	81	27.92 ±11.91	
	F	<.85(F)	10	30.60 ±15.79	0.016*
		>.85(F)	84	32.59 ±12.15	
Injeção	M	<.90(M)	03	19.66 ±4.50	0.095
		>.90(M)	48	31.54 ±11.76	
	F	<.85(F)	04	44.00 ±3.91	0.333
		>.85(F)	44	34.18 ±13.12	
Ambos	M	<.90(M)	07	28.00 ±14.02	0.354
		>.90(M)	51	29.49 ±10.67	
	F	<.85(F)	02	29.50 ±21.92	0.724

| | >.85(F) | 57 | 34.07 ±12.34 | |

*significativo ao nível de 0,05

M- Homens

F- Fêmeas

Na tabela acima, entre os homens que tomam medicação por via oral, a produtividade foi maior nos que têm uma relação cintura-quadril superior a 0,90, ao passo que entre os homens que tomam medicação através de injecções e através de ambos os modos, observou-se que a produtividade foi maior nos que têm uma relação cintura-quadril inferior a 0,90.

Entre as mulheres, a produtividade foi alta entre aquelas que tinham relação cintura-quadril abaixo de 0,85 e tomavam medicamentos por via oral e por ambas as vias. Por outro lado, a produtividade entre as mulheres com relação cintura-quadril acima de 0,85 foi observada naquelas que tomavam medicamentos por via injetável. A diferença foi estatisticamente significativa entre as mulheres que tomavam medicamentos por via oral.

11) Medida de Produtividade da Diabetes e Hipertensão

Medicamentos	Hipertensão	N	Média ± DP	Significado
Oral	Não	65	31.10 ±12.21	0.555
	Sim	117	29.97 ±12.50	
Injeção	Não	27	31.66 ±12.04	0.529
	Sim	72	33.44 ±12.61	
Ambos	Não	48	31.12 ±12.26	0.703
	Sim	69	31.98 ±11.80	

Na tabela acima, observou-se que as amostras hipertensas que tomavam medicação por via oral eram mais produtivas na realização de tarefas do que as amostras não hipertensas. Por outro lado, entre as amostras que tomavam medicação por injeção e de ambos os modos, a produtividade era maior nas amostras não hipertensas, embora a diferença fosse estatisticamente insignificante.

12) Medida de produtividade da diabetes e níveis de colesterol

Medicamentos	Colesterol total (mg/dL)	N	Média± DP	Significado	
Oral	<200 desejável	127	29.60 ±12.13	0.592	
	200-239 - limítrofe elevado	43	31.74 ±12.91		
	> 240- alto	14	31.80 ±14.90		
	Total	184	30.20 ±12.43		
Injeção	<200 desejável	66	33.62 ±12.20	0.762	
	200-239 - limítrofe elevado	23	31.52 ±11.81		
	> 240- alto	10	31.80 ±15.92		
	Total	99	32.97 ±12.43		
Ambos	<200 desejável	74	31.01 ±11.16	0.020*	
	200-239 - limítrofe elevado	32	30.03 ±12.79		0.018*
	> 240- alto	11	42.44 ±12.40	0.020*	

| Total | 117 | 31.6348 ±12.05567 | | |

* significativo ao nível de 0,05

Na tabela acima, observou-se que as amostras que estavam tomando medicação por via oral e por ambas as modalidades, com níveis de colesterol superiores a 240 mg/dL, foram avaliadas como menos produtivas nas tarefas que pretendiam realizar. Por outro lado, entre as amostras que tomam medicação através de injecções, a menor produtividade foi observada nas amostras com níveis de colesterol dentro do intervalo desejável de menos de 200 mg/dL. Observou-se que a diferença foi estatisticamente significativa nas amostras entre os níveis de colesterol abaixo de 200 mg/dL com mais de 240 md/dL e entre 200- 239 mg/dL com mais de 240 mg/dL, tomando medicação por ambos os modos, mas insignificante nas outras categorias.

13) Medida de produtividade da diabetes e níveis de triglicéridos

Medicamentos	Nível de triglicéridos (mg/dL)	N	Média ± DP	Significado	
Oral	<150- normal	87	26.39 ±11.09	0.002**	0.009**
	150-199- limítrofe elevado	52	34.06 ±12.43		
	200-499- alto	45	33.04 ±12.97		0.009**
	Total	184	30.20 ±12.43		
Injeção	<150- normal	55	32.58 ±12.58	0.469	
	150-199- limítrofe elevado	23	32.39 ±11.69		
	200-499- alto	20	35.60 ±12.97		
	>500- muito elevado	01	49.00		
	Total	99	33.35 ±12.42		

Ambos	<150- normal	56	32.32 ±11.33	0.103
	150-199- limítrofe elevado	31	31.51 ±12.03	
	200-499- alto	28	29.40 ±13.39	
	>500- muito elevado	02	51.00 ±4.24	
	Total	117	31.75 ±12.16	

** altamente significativo ao nível de 0,01

Na tabela acima, entre as amostras que tomam medicação por via oral, a produtividade máxima foi observada naquelas com níveis de triglicerídeos abaixo de 150 mg/dL. Nas amostras que tomam medicação por via injetável, a produtividade máxima na realização de tarefas foi observada nas amostras com níveis de triglicéridos inferiores a 199 mg/dL. Entre as amostras que tomam medicação através de ambos os modos, a produtividade foi observada como sendo máxima naquelas com níveis de triglicéridos entre 200-499 mg/dL. Observou-se que a diferença foi altamente significativa em termos estatísticos entre as amostras com níveis de triglicéridos inferiores a 150 mg/dL com 150-199 mg/dL e inferiores a 150 com 200-499 mg/dL, que tomam medicação por via oral.

14) Medida de produtividade da diabetes e níveis de LDL

Medicamentos	Níveis de LDL (mg/dL)	N	Média ± DP	Significado
Oral	<100- ótimo	123	29.32 ±12.39	0.546
	100-129 ou superior ótimo	39	30.80 ±11.93	
	130-159- Limite elevado	17	34.87 ±13.34	
	160-189- alto	04	31.00 ±16.37	

	>190-muito elevado	01	35.00	
	Total	184	30.20 ±12.43	
Injeção	<100- ótimo	69	34.96 ±12.65	0.308
	100-129 ou superior ótimo	18	32.27 ±10.67	
	130-159- Limite elevado	06	29.50 ±12.91	
	160-189- alto	06	26.50 ±12.40	
	>190-muito elevado	0	0.0	
	Total	99	33.54 ±12.34	
Ambos	<100- ótimo	79	30.70 ±11.43	0.342
	100-129 ou superior ótimo	16	29.87 ±12.23	
	130-159- Limite elevado	13	34.76 ±14.92	
	160-189- alto	06	39.50 ±12.43	
	>190-muito elevado	03	36.00 ±15.87	
	Total	117	31.66 ±12.15	

Na tabela acima, ficou evidente que, entre as amostras medicadas por via oral, a produtividade mínima na realização das tarefas foi observada naquelas com níveis de LDL superiores a 190 mg/dL, enquanto que, nas amostras medicadas por via injetável, a produtividade mínima foi observada nas amostras com níveis de LDL inferiores a 100 mg/dL. Nas amostras medicadas por ambos os modos, a produtividade mínima foi observada nas amostras com níveis de LDL entre 160 e 189 mg/dL. A diferença foi estatisticamente insignificante em todas as categorias.

15) Medida de produtividade da diabetes e níveis de HDL

Medicamentos	Níveis de HDL (mg/dL)	N	Média ± DP	Significado
Oral	**<40 baixo**	66	33.66 ±12.63	0.014*
	NORMAL	95	27.88 ±11.55	
	> 60 alto	23	29.69 ±13.54	
	Total	184	30.20 ±12.43	
Injeção	**<40 baixo**	39	32.73 ±12.22	0.925
	NORMAL	49	33.82 ±12.83	
	> 60 alto	11	33.54 ±12.48	
	Total	99	33.35 ±12.42	
Ambos	**<40 baixo**	46	32.52 ±12.65	0.729
	NORMAL	58	30.75 ±11.34	
	> 60 alto	13	32.84 ±14.42	
	Total	117	31.72 ±12.19	

* significativo ao nível de 0,05

Na tabela acima, observou-se que a produtividade na realização de tarefas entre as amostras que tomavam medicação por via oral e por ambas as vias foi máxima entre aquelas com níveis de HDL na faixa normal. Entre as amostras que estavam a tomar medicação através de injecções, observou-se que a produtividade era máxima entre as amostras com níveis de HDL inferiores a 40 mg/dL. Observou-se que a diferença foi estatisticamente significativa entre as amostras com níveis de HDL abaixo de 40 mg/dL e dentro da faixa de normalidade, que estavam tomando medicação por via oral.

16) Medida de produtividade da diabetes e horas de sono

Medicamentos	Horas de sono	N	Média ± DP	Significado
Oral	< 7 horas	67	32.07 ±12.66	0.133
	7 horas	56	27.69 ±12.48	
	>7 horas	59	31.00 ±11.71	
	Total	184	30.37 ±12.38	
Injeção	< 7 horas	37	31.83 ±11.42	0.411
	7 horas	32	31.87 ±12.98	
	>7 horas	30	35.50 ±13.03	
	Total	99	32.95 ±12.42	
Ambos	< 7 horas	43	32.46 ±11.87	
	7 horas	42	28.09 ±11.34	0.034*
	>7 horas	32	35.15 ±11.93	
	Total	117	31.63 ±11.95	

* significativo ao nível de 0,05

Na tabela acima, observou-se que a produtividade máxima na realização de tarefas entre as amostras que tomavam medicação por via oral e através de ambos os modos foi sentida por aqueles que dormiam durante 7 horas. A produtividade máxima na realização de tarefas, nas amostras que estavam a tomar medicação através de injecções, foi sentida por aqueles que dormiam 7 horas ou menos. Observou-se que a diferença foi estatisticamente significativa nas amostras com horas de sono entre 7 horas e mais de 7 horas que estavam a tomar medicação através de ambos os modos.

17) Medida de produtividade da diabetes e visionamento de televisão

Medicamentos	Horas de	N	Média ± DP	Significado

	visionamento de televisão			
Oral	<=2 hr	126	31.82 ±12.02	0.022*
	>2 horas	58	27.29 ±12.77	
Injeção	<=2 hr	64	32.69 ±12.34	0.742
	>2 horas	35	33.57 ±12.87	
Ambos	<=2 hr	91	31.95 ±11.76	0.586
	>2 horas	26	30.50 ±12.76	

* significativo ao nível de 0,05

Na tabela acima, observou-se que a produtividade por conseguir realizar as tarefas como pretendido entre as amostras que tomam medicamentos por via oral e por ambas as modalidades foi maior entre aquelas que assistiam à televisão por mais de 2 horas. Por outro lado, entre as amostras que tomam medicação por injeção, a produtividade foi maior entre as que viram televisão durante 2 horas ou menos. A diferença foi estatisticamente significativa nas amostras que tomam medicação por via oral.

18) Medida de produtividade da diabetes e neuropatia

Medicamentos	Neuropatia	N	Média ± DP	Significado
Oral	Não	148	30.02 ±12.00	0.442
	Sim	36	31.80 ±13.90	
Injeção	Não	83	33.06 ±12.11	0.855
	Sim	16	32.43 ±14.35	
Ambos	Não	77	31.77 ±11.26	0.855
	Sim	40	31.35 ±13.32	

Na tabela acima, a produtividade máxima entre as amostras que tomam medicação por via oral foi observada entre os doentes diabéticos que não sofriam de neuropatia. Entre as amostras que tomam medicação através de injecções, a produtividade máxima foi observada entre as que sofriam de neuropatia. Além disso, entre as amostras que tomavam medicação através de ambos os modos, observou-se que a produtividade na realização de tarefas era quase semelhante em ambos os casos. A diferença foi estatisticamente insignificante em todas as categorias.

19) Medida de Produtividade da Diabetes e Pé Diabético

Medicamentos	Pé diabético	N	Média ± DP	Significado
Oral	Não	173	30.01 ±12.41	0.115
	Sim	11	36.09 ±10.85	
Injeção	Não	67	34.29 ±13.17	0.121
	Sim	32	30.15 ±10.32	
Ambos	Não	111	31.38 ±11.91	0.342
	Sim	06	36.16 ±12.90	

Na tabela acima, a produtividade das amostras na realização das respectivas tarefas foi mais elevada nas amostras que não sofriam de pé diabético e que tomavam medicação por via oral e por ambas as vias. Por outro lado, entre as amostras que tomavam medicação através de injecções, a produtividade era maior entre as amostras que sofriam de pé diabético. Observou-se que a diferença era estatisticamente insignificante em todas as categorias.

20) Medida de produtividade da diabetes e nefropatia

Medicamentos	Nefropatia	N	Média ± DP	Significado
Oral	Não	171	30.68 ±12.58	0.228
	Sim	13	26.38 ±8.70	
Injeção	Não	90	32.67 ±12.40	0.478

	Sim	09	35.77 ±13.03	
Ambos	Não	110	30.97 ±11.78	0.017*
	Sim	07	42.00 ±10.31	

* significativo ao nível de 0,05

Na tabela acima, a produtividade das amostras na realização das tarefas foi sentida no máximo pelas amostras que sofrem de nefropatia e que tomam medicação por via oral e através de ambos os modos. Por outro lado, entre as amostras que tomam medicação através de injecções, a produtividade foi sentida mais elevada entre as amostras que não sofriam de nefropatia. Observou-se que a diferença era estatisticamente significativa nas amostras que tomavam medicação através de ambos os modos.

21) Medida de produtividade da diabetes e retinopatia

Medicamentos	Retinopatia	N	Média ± DP	Significado
Oral	Não	145	30.09± 11.98	0.544
	Sim	37	31.48± 13.93	
Injeção	Não	73	33.04± 12.64	0.914
	Sim	26	32.73± 12.02	
Ambos	Não	74	31.09± 11.67	0.525
	Sim	43	32.55± 12.50	

Na tabela acima, a produtividade na realização de tarefas foi maior entre as amostras que não sofriam de retinopatia e estavam a tomar medicação por via oral e através de ambos os modos. Entre as amostras que tomavam medicação através de injecções, observou-se que a produtividade era mais elevada nas que sofriam de retinopatia, embora a diferença fosse estatisticamente insignificante em todas as categorias.

22) Medida de Produtividade da Diabetes e Doença Arterial Coronária

Medicamentos	Doença das artérias coronárias	N	Média ± DP	Significado
Oral	Não	172	30.14 ±12.22	0.343
	Sim	12	33.66 ±14.57	
Injeção	Não	85	32.75 ±12.43	0.686
	Sim	14	34.21 ±12.77	
Ambos	Não	97	31.73 ±12.05	0.844
	Sim	20	31.15 ±11.74	

A tabela acima mostra que a produtividade entre as amostras que tomavam medicação por via oral ou injetável era mais elevada nas que não sofriam de doença das artérias coronárias, ao passo que, entre as amostras que tomavam medicação por ambas as vias, a produtividade era quase semelhante em ambos os casos. A diferença foi considerada estatisticamente insignificante em todas as categorias.

23) Medida de produtividade da diabetes e doença cardio-vascular

Medicamentos	Doença cardio-vascular	N	Média ± DP	Significado
Oral	Não	181	30.32 ±12.36	0.644
	Sim	03	33.66 ±15.94	
injeção	Não	96	33.07 ±12.48	0.610
	Sim	03	29.33 ±12.09	
Ambos	Não	114	31.68 ±11.97	0.293
	Sim	03	24.33 ±6.50	

Na tabela acima, observou-se que a produtividade das amostras que tomam medicação por via oral é mais elevada nas amostras que não sofrem de doença cardio-vascular. Por outro lado, observou-se uma maior produtividade entre as amostras que tomavam medicação através de injecções e através de ambos os modos nas amostras que sofriam de doença cardiovascular. Observou-se que a diferença era estatisticamente insignificante em todas as categorias.

24) Medida de Produtividade da Diabetes e Anemia

Medicamentos	Anemia	N	Média ± DP	Significado
Oral	Não	125	29.30 ±11.53	0.090
	Sim	59	32.62 ±13.81	
injeção	Não	59	32.01 ±11.97	0.362
	Sim	40	34.35 ±13.08	
Ambos	Não	65	30.64 ±11.77	0.320
	Sim	52	32.86 ±12.17	

Verificou-se que a produtividade das amostras na tabela acima era máxima entre as amostras que não eram anémicas, independentemente dos modos de medicação, quando comparadas com as amostras que não eram anémicas. Observou-se que a diferença era estatisticamente insignificante em todas as categorias.

25) Medida de produtividade da diabetes e hipotiroidismo

Medicamentos	Hipotiroidismo	N	Média± DP	Significado
Oral	Não	158	30.17±12.29	0.809
	Sim	26	30.80±12.71	
Injeção	Não	83	33.58±12.86	0.366
	Sim	16	30.50 ±9.85	
Ambos	Não	84	31.34±12.15	0.719
	Sim	33	32.24±11.75	

Na tabela acima, observou-se que a produtividade das amostras que sofrem de diabetes e que tomam medicação por via oral é quase semelhante em ambos os casos. Observou-se que a produtividade das amostras que tomavam medicação por injeção era elevada nas amostras que sofriam de hipotiroidismo, ao passo que, entre as amostras que tomavam medicação de ambos os modos, a produtividade era elevada nas amostras que não sofriam de hipotiroidismo. A diferença foi observada como sendo estatisticamente insignificante em todas as categorias.

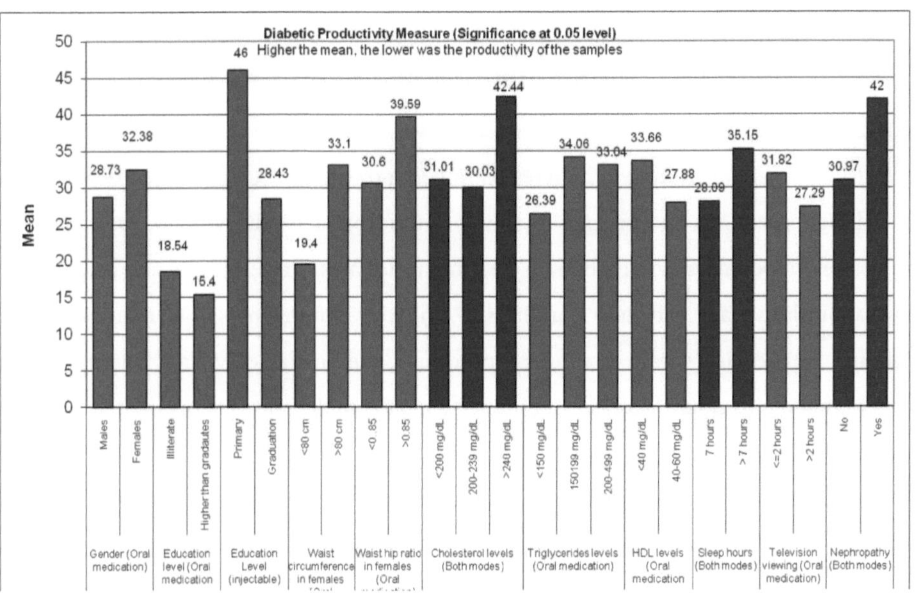

CONCLUSÃO

A diabetes é uma doença comum debilitante que requer uma gestão ao longo da vida, que inclui frequentemente a administração de medicamentos por via oral ou injetável ou através de ambas as vias para controlar a glicemia, bem como a administração de agentes hipoglicemiantes ou de agentes antidiabéticos de insulina.

Uma vez que o estudo foi efectuado com diabéticos, o questionário utilizado foi um questionário normalizado específico para a diabetes. A medida de produtividade da diabetes avalia a eficácia dos diabéticos na realização de tarefas como fazer compras, cozinhar, fazer recados e outras actividades diárias. Também foi perguntado aos inquiridos se achavam que a diabetes os impedia de atingir os seus objectivos a curto e a longo prazo. A medicação injetável deteriorou a produtividade. O medo das injecções faz com que os diabéticos se sintam doentes e infelizes, o que leva a uma baixa produtividade, abrindo caminho a cuidados abrangentes. Os inquiridos que tomam terapêutica oral têm uma produtividade mais elevada. As mulheres, especialmente as donas de casa, sentiram-se menos realizadas. Os resultados reiteram as conclusões de Redekop et al em 2002, em que se observou que as mulheres eram mais afectadas do que os homens. Os níveis elevados de colesterol total e o excesso de televisão e de horas de sono prejudicam a qualidade de vida. Assim, a diabetes requer uma alteração saudável do estilo de vida. É necessário lidar com o medo das injecções, para que a doença não seja considerada um castigo. Pode ser-lhes prescrita medicação oral em vez de injecções, a menos que as suas condições médicas assim o exijam. É igualmente importante manter os parâmetros bioquímicos e de estilo de vida dentro dos limites e manter uma atitude positiva para alcançar uma óptima qualidade de vida.

<u>REFERÊNCIAS</u>

1. Definição, Diagnóstico e Classificação da Diabetes Mellitus e das suas Complicações. Organização Mundial de Saúde

2. Buse, J. B., Ginsberg, H. N., Bakris, G. L., Clark, N. G., Costa, F., Eckel, R., ... & Pignone, M. P. (2007). Prevenção primária de doenças cardiovasculares em pessoas com diabetes mellitus. *Circulation, 115*(1), 114-126.

3. King, H., Aubert, R. E., & Herman, W. H. (1998). Global burden of diabetes, 1995-2025: prevalence, numerical estimates, and projections. *Diabetes care, 21 (9),* 1414-1431.

4. Obtido em http://www.diabetesatlas.org/

5. Vinik, A. I., & Zhang, Q. (2007). Adding insulin glargine versus rosiglitazone. *Diabetes Care, 30*(4), 795-800.

6. Wexler, D. J., Grant, R. W., Wittenberg, E., Bosch, J. L., Cagliero, E., Delahanty, L., ... & Meigs, J. B. (2006). Correlatos da qualidade de vida relacionada com a saúde na diabetes tipo 2. *Diabetologia, 49*(7), 1489-1497.

7. McCall, S. (1975). Qualidade de vida. *Social Indicators Research, 2,* 229-248.

8. Brod, M., Hammer, M., Christensen, T., Lessard, S., & Bushnell, D. M. (2009). Compreender e avaliar o impacto do tratamento na diabetes: as Medidas de Impacto Relacionadas com o Tratamento para a Diabetes e Dispositivos (TRIM-Diabetes e TRIM-Diabetes Device). *Health and quality of life outcomes, 7*(1), 83.

9. Organização Mundial de Saúde. (1998). Relatório sobre a saúde no mundo: 1998: A vida no século XXI: uma visão para todos: resumo executivo.

2 0.Boulton, A. J. M., Gries, F. A., & Jervell, J. A. (1998). Directrizes para o diagnóstico e tratamento ambulatório da neuropatia periférica diabética. *Diabetic Medicine, 15*(6), 508-514.

11 Gallai, V., Firenze, C., Mazzotta, G., & Gatto, F. D. (1988). Neuropatia em crianças e adolescentes com diabetes mellitus. *Ata neurologica scandinavica, 78*(2),

136-140.

12   Yadav, R., Tiwari, P., & Dhanaraj, E. (2008). Factores de risco e complicações da diabetes tipo 2 em asiáticos. *CRIPS*, *9*(2), 8-12.

13   Misra, A., & Vikram, N. K. (2004). Síndrome de resistência à insulina (síndrome metabólica) e obesidade em indianos asiáticos: evidências e implicações. *Nutrition*, *20*(5), 482-491.

14   Parving, H. H., Gall, M. A., Sk0tt, P., J0rgensen, H. E., L0kkegaard, H., J0rgensen, F., ... & Larsen, S. (1992). Prevalência e causas de albuminúria em pacientes diabéticos não dependentes de insulina. *Kidney International*, *41*(4), 758-762.

15   Agarwal, S. K., & Dash, S. C. (2000). Spectrum of renal diseases in Indian adults (Espectro de doenças renais em adultos indianos). *The Journal of the Association of Physicians of India*, *48*(6), 594-600.

16   DoI, T., Vlassara, H., Kirstein, M., Yamada, Y., Striker, G. E., & Striker, L. J. (1992). O aumento específico do recetor na produção de matriz extracelular em células mesangiais de rato por produtos finais de glicosilação avançada é mediado pelo fator de crescimento derivado de plaquetas. *Proceedings of the National Academy of Sciences*, *89*(7), 2873-2877.

17   Brownlee, M., Cerami, A., & Vlassara, H. (1988). Advanced glycosylation end products in tissue and the biochemical basis of diabetic complications (Produtos finais de glicosilação avançada nos tecidos e a base bioquímica das complicações diabéticas). *N Engl j Med*, *1988*(318), 1315-1321.

18   Esposito, C., Gerlach, H., Brett, J. E. R. O. L. D., Stern, D. A. V. I. D., & Vlassara, H. (1989). A ligação da albumina modificada com glucose mediada pelo recetor endotelial está associada ao aumento da permeabilidade da monocamada e à modulação das propriedades coagulantes da superfície celular. *Journal of Experimental Medicine*, *170*(4), 1387-1407.

19   Anjana, R. M., Pradeepa, R., Deepa, M., Datta, M., Sudha, V., Unnikrishnan, R.,

... & Dhandhania, V. K. (2011). Prevalência de diabetes e pré-diabetes (glicemia de jejum alterada e/ou tolerância à glicose diminuída) na Índia urbana e rural: Phase I results of the Indian Council of Medical Research-INdia DIABetes (ICMR- INDIAB) study. *Diabetologia, 54*(12), 3022-3027.

20 Bucala, R., Tracey, K. J., & Cerami, A. (1991). Os produtos de glicosilação avançada extinguem o óxido nítrico e medeiam a vasodilatação dependente do endotélio defeituosa na diabetes experimental. *Journal of Clinical Investigation, 87*(2), 432.

21 Viswanath, K., & McGavin, D. M. (2003). Diabetic retinopathy: clinical findings and management. *Community Eye Health, 16*(46), 21.

22 . Obtido de

www.whoindia.org/LinkFiles/Assesment of Burden of NCD Diabetes Assessment of Burden of NCDs.pdf

23 Sociedade Nacional para a Prevenção da Cegueira. Problemas de visão nos EUA; Análise de dados: Definições, Fontes de Dados, Tabelas de Dados Detalhados, Análise, Interpretação. National Society to Prevent Blindness, Nova Iorque; 1980.

24 Klein, R., Klein, B. E., & Moss, S. E. (1984). Visual impairment in diabetes. *Ophthalmology, 91*(1), 1-9.

25 Leung, G. M., & Lam, K. S. (2000). Complicações diabéticas e suas implicações nos cuidados de saúde na Ásia. *Hong Kong medical journal= Xianggang yi xue za zhi/Hong Kong Academy of Medicine.*

26 Gupta, R., Rastogi, P., Sarna, M., Gupta, V. P., Sharma, S. K., & Kothari, K. (2007). Bodymass index, waist-size, waist-hip ratio and cardiovascular risk factors in urban subjects. *Japi, 55*, 621-627.

27 Rathmann, W., & Giani, G. (2004). Global prevalence of diabetes: estimates for the year 2000 and projections for 2030. *Diabetes care, 27*(10), 2568-2569.

28 King, H., Aubert, R. E., & Herman, W. H. (1998). Global burden of diabetes,

1995-2025: prevalence, numerical estimates, and projections. *Diabetes care, 21 (9)*, 1414-1431.

29   Yaggi, H. K., Araujo, A. B., & McKinlay, J. B. (2006). A duração do sono como fator de risco para o desenvolvimento de diabetes tipo 2. *Diabetes care, 29*(3), 657-661.

30   Gabir, M. M., Hanson, R. L., Dabelea, D., Imperatore, G., Roumain, J., Bennett, P. H., & Knowler, W. C. (2000). The 1997 American Diabetes Association and 1999 World Health Organization criteria for hyperglycemia in the diagnosis and prediction of diabetes. *Diabetes care, 23*(8), 1108-1112.

31   Grundy, S. M., Benjamin, I. J., Burke, G. L., Chait, A., Eckel, R. H., Howard, B. V., ... & Sowers, J. R. (1999). Diabetes and cardiovascular disease. *Circulation, 100*(10), 1134-1146.

32   Clark, C. M. (1998). Como devemos responder à epidemia mundial de diabetes?

33   Safran, M. A., & Vinicor, F. (1999). A guerra contra o diabetes. How will we know if we are winning? *Diabetes Care, 22*(3), 508-516.

34   Grupo do Estudo Prospetivo sobre a Diabetes no Reino Unido (UKPDS). (1998). Controlo intensivo da glucose no sangue com sulfonilureias ou insulina em comparação com o tratamento convencional e risco de complicações em doentes com diabetes tipo 2 (UKPDS 33). *The lancet, 352*(9131), 837-853.

35   Grupo de Estudos Prospectivos sobre a Diabetes do Reino Unido. (1998). Controlo rigoroso da pressão arterial e risco de complicações macrovasculares e microvasculares na diabetes tipo 2: UKPDS 38. *BMJ: British Medical Journal, 317*(7160), 703.

36   Pyorala, K., Pedersen, T. R., Kjekshus, J., Faergeman, O., Olsson, A. G., & Thorgeirsson, G. (1997). A redução do colesterol com sinvastatina melhora o prognóstico de pacientes diabéticos com doença coronária: uma análise de subgrupo do Scandinavian Simvastatin Survival Study (4S). *Diabetes care, 20*(4), 614-620.

37   Melzert, S., Leiter, L., Daneman, D., Gerstein, H. C., Lau, D., Ludwig, S., &

Yale, J. F. (1998). clinical practice guidelines for the management of diabetes in Canada. *CMAJ, 159*.

38   Huang, E. S., Meigs, J. B., & Singer, D. E. (2001). O efeito de intervenções para prevenir doenças cardiovasculares em pacientes com diabetes mellitus tipo 2. *The American journal of medicine, 111*(8), 633-642.

39   Gray, A., Raikou, M., McGuire, A., Fenn, P., Stevens, R., Cull, C., ... & Turner, R. (2000). Cost effectiveness of an intensive blood glucose control policy in patients with type 2 diabetes: economic analysis alongside randomised controlled trial (UKPDS 41). *Bmj, 320*(7246), 1373-1378.

40   Hoerger, T. J., Bethke, A. D., Richter, A., Sorensen, S. W., Engelgau, M., Thompson, T., ... & Eastman, R. C. (2002). Custo-eficácia do controlo glicémico intensivo, controlo intensificado da hipertensão e redução do nível de colesterol sérico na diabetes tipo 2. *Jama-Journal of the American Medical Association, 287*(19), 25422551.

41   Miller, C. D., Phillips, L. S., Tate, M. K., Porwoll, J. M., Rossman, S. D., Cronmiller, N., & Gebhart, S. S. (2000). Cumprindo as diretrizes da Associação Americana de Diabetes na prática do endocrinologista. *Diabetes Care, 23*(4), 444-448.

42   McFarlane, S. I., Jacober, S. J., Winer, N., Kaur, J., Castro, J. P., Wui, M. A., ... & Sowers, J. R. (2002). Controlo dos factores de risco cardiovascular em doentes com diabetes e hipertensão em centros médicos académicos urbanos. *Diabetes care, 25*(4), 718-723.

43   Saaddine, J. B., Engelgau, M. M., Beckles, G. L., Gregg, E. W., Thompson, T. J., & Narayan, K. V. (2002). A diabetes report card for the United States: quality of care in the 1990s. *Annals of internal medicine, 136*(8), 565-574.

44   Toth, E. L., Majumdar, S. R., Guirguis, L. M., Lewanczuk, R. Z., Lee, T. K., & Johnson, J. A. (2003). Compliance with clinical practice guidelines for type 2 diabetes in rural patients: treatment gaps and opportunities for improvement.

Pharmacotherapy: The Journal of Human Pharmacology and Drug Therapy, *23*(5), 659-665.

45   Yawn, B. P., Casey, M., & Hebert, P. (1999). The rural health care workforce implications of practice guideline implementation. *Medical care*, *37*(3), 259-269.

46   Schoepflin, H. M., & Thrailkill, K. M. (1999). Pediatric diabetes management in Appalachian Kentucky: adherence of primary care physicians to ADA guidelines. *The Journal of the Kentucky Medical Association*, *97*(10), 473-481.

47   Bell, R. A., Camacho, F., Goonan, K., Duren-Winfield, V., Anderson, R. T., Konen, J. C., & Goff, D. C. (2001). Quality of diabetes care among low-income patients in North Carolina. *American journal of preventive medicine*, *21*(2), 124-131.

48   Cummings, D. M., Morrissey, S., Barondes, M. J., Rogers, L., & Gustke, S. (2001). Screening for diabetic retinopathy in rural areas: the potential of telemedicine (Rastreio da retinopatia diabética em zonas rurais: o potencial da telemedicina). *The Journal of Rural Health*, *17*(1), 25-31.

49   Recuperado de http://www.nhlbi.nih.gov/guidelines/cholesterol/atglance.pdf

50   Redekop, W. K., Koopmanschap, M. A., Stolk, R. P., Rutten, G. E., Wolffenbuttel, B. H., & Niessen, L. W. (2002). Qualidade de vida relacionada com a saúde e satisfação com o tratamento em pacientes holandeses com diabetes tipo 2. *Diabetes care*, *25*(3), 458-463.

51   Ramachandran, A., Snehalatha, C., & Viswanathan, V. (2002). Burden of type 2 diabetes and its Complications-The Indian scenario. *Current science*, 1471-1476.

52   Mohan, V., Shanthirani, S., Deepa, R., Premalatha, G., Sastry, N. G., & Saroja, R. (2001). **Intra-urban** differences in the prevalence of the metabolic syndrome in southern India-the Chennai Urban Population Study (CUPS No. 4). *Diabetic Medicine*, *18*(4), 280-287.

53   Ramachandran, A. (1992). Genetic epidemiology of NIDDM among Asian Indians. *Annals of medicine*, *24*(6), 499-503.

54   Ramachandran, A., Snehalatha, C., & Viswanathan, V. (2002). Burden of type 2 diabetes and its complications-The Indian scenario. *Current science*, 1471-1476.

55   Singh, R. B., Niaz, M. A., Thakur, A. S., Janus, E. D., & Moshiri, M. (1998). Social class and coronary artery disease in a urban population of North India in the Indian Lifestyle and Heart Study (Classe social e doença arterial coronária numa população urbana do Norte da Índia no Indian Lifestyle and Heart Study). *International journal of cardiology*, *64*(2), 195203.

56   . Lopez, J. M., Annunziata, K., Bailey, R. A., Rupnow, M. F., & Morisky, D. E. (2014). Impacto da hipoglicemia em pacientes com diabetes mellitus tipo 2 e sua qualidade de vida, produtividade no trabalho e adesão à medicação. *Preferência e adesão do paciente*, *8*, 683.

57   Gæde, P., Vedel, P., Larsen, N., Jensen, G. V., Parving, H. H., & Pedersen, O. (2003). Multifatorial intervention and cardiovascular disease in patients with type 2 diabetes. *New England Journal of Medicine*, *348*(5), 383-393.

58   Huang, E. S., Brown, S. E., Ewigman, B. G., Foley, E. C., & Meltzer, D. O. (2007). Percepções dos pacientes sobre a qualidade de vida com complicações e tratamentos relacionados com a diabetes. *Diabetes care*, *30*(10), 2478-2483.

59   Zimmet, P., Alberti, K. G. M. M., & Shaw, J. (2001). Global and societal implications of the diabetes epidemic (Implicações globais e sociais da epidemia de diabetes). *Nature*, *414*(6865), 782-787.

60   Kapil, U., Singh, P., Pathak, P., Dwivedi, S. N., & Bhasin, S. (2002). Prevalence of obesity amongst affluent adolescent school children in delhi. *Indian pediatrics*, *39*(5), 449-52.

61   Recuperado de

www.who. int/dietphysicalactivity/publications/facts/obesity/en/

62   Lindsay, J. (2006). A investigação abala a utilidade do IMC. *DOC News*, *3*(11), 6-6.

63   Redmon, J. B., Bertoni, A. G., Connelly, S., Feeney, P. A., Glasser, S. P., Glick, H., ... & Montgomery, B. (2010). Efeito da intervenção do estudo Look AHEAD na utilização de medicamentos e custos relacionados com o tratamento de factores de risco de doenças cardiovasculares em indivíduos com diabetes tipo 2. *Diabetes care*, *33*(6), 1153-1158.

64   Vikram, N. K., Pandey, R. M., Misra, A., Sharma, R., Devi, J. R., & Khanna, N. (2003). Os indianos asiáticos não obesos (índice de massa corporal < 25 kg/m 2) com perímetro da cintura normal apresentam um risco cardiovascular elevado. *Nutrition*, *19*(6), 503-509.

65   Misra, A. (2003). Redefinir a obesidade nos asiáticos: é necessária uma ação mais definitiva por parte da OMS.

66   Bhansali, A., Nagaprasad, G., Agarwal, A., Dutta, P., & Bhadada, S. (2006). Does body mass index predict overweight in native Asian Indians? A study from a North Indian population. *Annals of nutrition and metabolism*, *50*(1), 66-73.

67   . Deurenberg, P., **Deurenberg-Yap**, M., & Guricci, S. (2002). Asians are different from Caucasians and from each other in their body mass index/body fat per cent relationship. *Obesity reviews*, *3*(3), 141-146.

68   Dudeja, V., Misra, A., Pandey, R. M., Devina, G., Kumar, G., & Vikram, N. K. (2001). BMI does not accurately predict overweight in Asian Indians in northern India. *British Journal of Nutrition*, *86*(1), 105-112.

69   Mohan, V., Deepa, M., Farooq, S., Narayan, K. V., Datta, M., & Deepa, R. (2007). Anthropometric cut points for identification of cardiometabolic risk factors in an urban Asian Indian population (Pontos de corte antropométricos para identificação de factores de risco cardiometabólico numa população urbana indiana asiática). *Metabolism*, *56*(7), 961-968.

70   Snehalatha, C., Viswanathan, V., & Ramachandran, A. (2003). Valores de corte para variáveis antropométricas normais em adultos indianos asiáticos. *Diabetes care*, *26*(5), 1380-1384.

71 Åkerstedt, T., & Nilsson, P. M. (2003). Sleep as restitution: an introduction. *Journal of internal medicine*, *254*(1), 6-12.

72 Bliwise, D. L. (1996). Historical change in the report of daytime fatigue (Mudança histórica no relato de fadiga diurna). *Sleep*, *19*(6), 462-464.

73 Cappuccio, F. P., D'elia, L., Strazzullo, P., & Miller, M. A. (2010). Quantidade e qualidade do sono e incidência de diabetes tipo 2. *Diabetes care*, *33*(2), 414-420.

74 Meslier, N., Gagnadoux, F., Giraud, P., Person, C., Ouksel, H., Urban, T., & Racineux, J. L. (2003). Impaired glucose-insulin metabolism in males with obstructive sleep apnoea syndrome. *European Respiratory Journal*, *22*(1), 156-160.

75 West, S. D., Nicoll, D. J., & Stradling, J. R. (2006). Prevalência de apneia obstrutiva do sono em homens com diabetes tipo 2. *Thorax*, *61*(11), 945-950.

76 Resnick, H. E., Redline, S., Shahar, E., Gilpin, A., Newman, A., Walter, R., ... & Punjabi, N. M. (2003). Diabetes e distúrbios do sono. *Diabetes care*, *26*(3), 702709.

77 Abbasi, M. A., Hafeezullah, A. U. D. A., & Sheikh, M. (2006). O tabagismo está relacionado com a excreção de albumina na diabetes mellitus tipo 2. *Pak J Physiol*, *2*(2), 45-9.

78 Rimm, E. B., Chan, J., Stampfer, M. J., Colditz, G. A., & Willett, W. C. (1995). Prospective study of cigarette smoking, alcohol use, and the risk of diabetes in men. *Bmj*, *310*(6979), 555-559.

79 Eliasson, B., Attvall, S., TASKINEN, M. R., & Smith, U. (1997). A cessação do tabagismo melhora a sensibilidade à insulina em homens saudáveis de **meia-idade**. *European journal of clinical investigation*, *27*(5), 450-456.

80 Wannamethee, S. G., Shaper, A. G., & Perry, I. J. (2001). Smoking as a modifiable risk fator for type 2 diabetes in middle-aged men. *Diabetes care*, *24*(9), 1590-1595.

81 Yeh, H. C., Duncan, B. B., Schmidt, M. I., Wang, N. Y., & Brancati, F. L. (2010). Smoking, Smoking Cessation, and Risk for Type 2 Diabetes MellitusA

Cohort Study. *Annals of internal medicine*, *152*(1), 10-17.

82   Yeh, H. C., Duncan, B. B., Schmidt, M. I., Wang, N. Y., & Brancati, F. L. (2010). Smoking, Smoking Cessation, and Risk for Type 2 Diabetes MellitusA Cohort Study. *Annals of internal medicine*, *152*(1), 10-17.

83   Borggreve, S. E., De Vries, R., & Dullaart, R. P. F. (2003). Alterações no metabolismo das lipoproteínas de alta **densidade** e no transporte reverso de colesterol na resistência à insulina e na diabetes mellitus tipo 2: papel das enzimas lipolíticas, lecitina: colesterol aciltransferase e proteínas de transferência de lípidos. *European journal of clinical investigation*, *33*(12), 1051-1069.

84   Després, J. P., Lemieux, I., & Alméras, N. (2006). Abdominal obesity and the metabolic syndrome. In *Overweight and the Metabolic Syndrome* (pp. 137-152). Springer US.

85   Heine, R. J., & Dekker, J. M. (2002). Para além da hiperglicemia pós-prandial: factores metabólicos associados à doença cardiovascular. *Diabetologia*, *45*(4), 461475.

86   Madsbad, S., McNair, P., Christensen, M. S., Christiansen, C., Faber, O. K., Binder, C., & Transb0l, I. (1980). Influence of smoking on insulin requirement and metbolic status in diabetes mellitus. *Diabetes care*, *3*(1), 41-43.

87   Targher, G., Alberiche, M., Zenere, M. B., Bonadonna, R. C., Muggeo, M., & Bonora, E. (1997). Fumar cigarros e resistência à insulina em pacientes com diabetes mellitus não insulino-dependente. *The Journal of Clinical Endocrinology & Metabolism*, *82*(11), 3619-3624.

88   Baan, C. A., Ruige, J. B., Stolk, R. P., Witteman, J. C., Dekker, J. M., Heine, R. J., & Feskens, E. J. (1999). Performance of a predictive model to identify undiagnosed diabetes in a health care setting. *Diabetes care*, *22*(2), 213-219.

89   .DEFRONZO, R. A. (1997). Pathogenesis of type2 daiabetes: metabolic and molecular implications for identhfying diabetes genes. *Diabetes reviews*, *5*, 177-269.

90   Haffner, S. M., Miettinen, H. E. I. K. K. I., & Stern, M. P. (1996). Insulin

secretion and resistance in nonondiabetic Mexican Americans and non-Hispanic whites with a parental history of diabetes. *The Journal of Clinical Endocrinology & Metabolism*, *81*(5), 1846-1851.

91   Krauss, R. M. (2004). Lípidos e lipoproteínas em doentes com diabetes tipo 2. *Diabetes care*, *27*(6), 1496-1504.

92   Painel de Peritos em Deteção, E. (2001). Resumo executivo do Terceiro Relatório do painel de peritos do Programa Nacional de Educação sobre o Colesterol (NCEP) sobre deteção, avaliação e tratamento do colesterol elevado no sangue em adultos (Painel de Tratamento de Adultos III). *Jama*, *285*(19), 2486.

93   Hokanson, J. E., & Austin, M. A. (1996). Plasma triglyceride level is a risk fator for cardiovascular disease independent of high-density lipoprotein cholesterol level: a metaanalysis of population-based prospective studies. *Journal of cardiovascular risk*, *3*(2), 213-219.

94   Howard, B. V., & Magee, M. F. (2000). Diabetes and cardiovascular disease. *Current atherosclerosis reports*, *2*(6), 476-481.

95   Howard, B. V., Robbins, D. C., Sievers, M. L., Lee, E. T., Rhoades, D., Devereux, R. B., ... & Howard, W. J. (2000). O colesterol LDL como um forte preditor de doença cardíaca coronária em indivíduos diabéticos com resistência à insulina e LDL baixo. *Arteriosclerosis, Thrombosis, and Vascular Biology*, *20*(3), 830-835.

96   Haffner, S. M., Lehto, S., Ronnemaa, T., Pyorala, K., & Laakso, M. (1998). Mortality from coronary heart disease in subjects with type 2 diabetes and in nondiabetic subjects with and without prior myocardial infarction. *New England journal of medicine*, *339*(4), 229-234.

97   Cassano, P. A., Segal, M. R., Vokonas, P. S., & Weiss, S. T. (1990). Body fat distribution, blood pressure, and hypertension: a prospective cohort study of men in the normative aging study. *Annals of epidemiology*, *1*(1), 33-48.

98   Regitz-Zagrosek, V., Lehmkuhl, E., & Mahmoodzadeh, S. (2007). Aspectos de

género do papel da síndrome metabólica como fator de risco para doenças cardiovasculares. *Gender medicine*, *4*, S162-S177.

99   Grundy, S. M. (2005). Associação Americana do Coração; Instituto Nacional do Coração, Pulmão e Sangue. Diagnosis and management of the metabolic syndrome: an American Heart Association/National Heart, and Blood Institute Scientific Statement (Diagnóstico e gestão da síndrome metabólica: uma declaração científica da American Heart Association/National Heart, and Blood Institute). *Circulation*, *112*, 2735-2762.

100   Sahay BK, Sahay RK (2003) Hypertension in diabetes. *J Indian*

Associação Médica, 101:12, 14-15, 44

101   Adler, A. I., Stratton, I. M., Neil, H. A. W., Yudkin, J. S., Matthews, D. R., Cull, C. A., ... & Holman, R. R. (2000). Association of systolic blood pressure with macrovascular and microvascular complications of type 2 diabetes (UKPDS 36): prospective observational study. *Bmj*, *321*(7258), 412-419.

102 . Cowie, C. C., & Harris, M. I. (1995). Características físicas e metabólicas de pessoas com diabetes. *Diabetes in America*, *2*, 117-64.

103 . Taskinen, M. R. (1999). Strategies for the management of diabetic dyslipidaemia. *Drugs*, *58*(1), 47-51.

104 . Radaideh, A. R. M., Mo, M. K. N., Amari, F. L., Bateiha, A. E., El- Khateeb, M. P. M. S., Naser, P. A. S., & Ajlouni, B. K. M. (2004). diabetes mellitus in Jordan. *Saudi Med J*, *25*(8), 1046-1050.

105 . Nobre, E., Jorge, Z., Pratas, S., Silva, C., & Castro, J. (2002). Perfil da função tiroideia numa população com diabetes mellitus tipo 2.

106 . Goldberg, I. J. (2001). Diabetic dyslipidemia: causes and consequences. *The Journal of Clinical Endocrinology & Metabolism*, *86*(3), 965-971.

107 . Associação Americana de Diabetes. (1999). Quality of life in type 2 diabetic patients is affected by complications but not by intensive policies to improve blood

glucose or blood pressure control (UKPDS 37). Grupo de Estudos Prospectivos sobre a Diabetes do Reino Unido. *Diabetes care, 22*(7), 1125-1136.

108 . Vijan, S., Hayward, R. A., Ronis, D. L., & Hofer, T. P. (2005). Brief report: the burden of diabetes therapy. *Journal of general internal medicine, 20*(5), 479-482.

109 . Polonsky, W. H. (2002). Aspectos emocionais e de qualidade de vida da gestão da diabetes. *Current diabetes reports, 2*(2), 153-159.

110 . Dwyer, M. S., Melton, L. J., Ballard, D. J., Palumbo, P. J., Trautmann, J. C., & Chu, C. P. (1985). Incidência de retinopatia diabética e cegueira: um estudo de base populacional em Rochester, Minnesota. *Diabetes Care, 8*(4), 316-322.

111 . Klein, R., Klein, B. E., Moss, S. E., Davis, M. D., & DeMets, D. L. (1984). O Estudo Epidemiológico de Wisconsin sobre Retinopatia Diabética: III. Prevalência e risco de retinopatia diabética quando a idade ao diagnóstico é de 30 anos ou mais. *Archives of ophthalmology, 102*(4), 527-532.

112 . Rema, M., Premkumar, S., Anitha, B., Deepa, R., Pradeepa, R., & Mohan, V. (2005). Prevalence of diabetic retinopathy in urban India: the Chennai Urban Rural Epidemiology Study (CURES) eye study, I. *Investigative ophthalmology & visual science, 46*(7), 2328-2333.

113 . Fong, D. S., Aiello, L., Gardner, T. W., King, G. L., Blankenship, G., Cavallerano, J. D., ... & Klein, R. (2004). Retinopatia na diabetes. *Diabetes care, 27*(suppl 1), s84-s87.

114 . Frank, R. N., Schulz, L., Abe, K., & Iezzi, R. (2004). Variação temporal do edema macular diabético medido por tomografia de coerência ótica. *Ophthalmology, 111*(2), 211-217.

115 . Kempen, J. H., O'colmain, B. J., Leske, M. C., Haffner, S. M., Klein, R., Moss, S. E., ... & Hamman, R. F. (2004). A prevalência da retinopatia diabética entre adultos nos Estados Unidos. *Archives of ophthalmology (Chicago, Ill.: 1960), 122*(4), 552-563.

116 . Knudtson, M. D., Klein, B. E., Klein, R., Cruickshanks, K. J., & Lee, K. E.

(2005). Doenças oculares relacionadas com a idade, qualidade de vida e atividade funcional. *Archives of Ophthalmology, 123*(6), 807-814.

117 . Sharma, S., Oliver-Fernandez, A., Bakal, J., Hollands, H., Brown, G. C., & Brown, M. M. (2003). Utilities associated with diabetic retinopathy: results from a Canadian sample (Utilidades associadas à retinopatia diabética: resultados de uma amostra canadiana). *British journal of ophthalmology, 87*(3), 259-261.

118 . Sharma, S., Oliver-Fernandez, A., Liu, W., Buchholz, P., & Walt, J. (2005). The impact of diabetic retinopathy on health-related quality of life (O impacto da retinopatia diabética na qualidade de vida relacionada com a saúde). *Current opinion in ophthalmology, 16*(3), 155-159.

119 . Tung, T. H., Chen, S. J., Lee, F. L., Liu, J. H., Lin, C. H., & Chou, P. (2005). Um estudo comunitário sobre os valores de utilidade associados à retinopatia diabética entre diabéticos de tipo 2 em Kinmen, Taiwan. *Diabetes research and clinical practice, 68*(3), 265-273.

120 . Brown, M. M., Brown, G. C., Sharma, S., Landy, J., & Bakal, J. (2002). Quality of life with visual acuity loss from diabetic retinopathy and age-related macular degeneration (Qualidade de vida com perda de acuidade visual devido a retinopatia diabética e degeneração macular relacionada com a idade). *Archives of Ophthalmology, 120*(4), 481-484.

121 . Globe, D. R., Wu, J., Azen, S. P., Varma, R., & Los Angeles Latino Eye Study Group. (2004). The impact of visual impairment on self-reported visual functioning in Latinos: the Los Angeles Latino Eye Study. *Ophthalmology, 111*(6), 1141-1149.

122 . Agarwal, S. K., & Dash, S. C. (2000). Spectrum of renal diseases in Indian adults (Espectro de doenças renais em adultos indianos). *The Journal of the Association of Physicians of India, 48*(6), 594-600.

123 . Young, B. A., Maynard, C., & Boyko, E. J. (2003). Racial differences in diabetic nephropathy, cardiovascular disease, and mortality in a national population of veterans. *Diabetes care, 26*(8), 2392-2399.

124 . Shaw, P. C., Vandenbroucke, J. P., Tjandra, Y. I., Rosendaal, F. R., Rosman, J. B., Geerlings, W., ... & Van Es, L. A. (2002). Aumento da nefropatia diabética terminal em imigrantes indo-asiáticos que vivem nos Países Baixos. *Diabetologia*, *45*(3), 337-341.

125 . John, L., Rao, P. S., & Kanagasabapathy, A. S. (1991). Prevalência de nefropatia diabética em diabéticos não dependentes de insulina. *The Indian journal of medical research*, *94*, 24-29.

126 . Chugh, K. S., Kumar, R., Sakhuja, V., Pereira, B. J., & Gupta, A. (1989). Nefropatia em diabetes mellitus tipo 2 em países do Terceiro Mundo - estudo de Chandigarh. *The International journal of artificial organs*, *12*(5), 299-302.

127 . Vidya, A., & Kala, C. (1978). Nefropatia diabética - uma revisão. *Journal of Postgraduate Medicine*, *24*.

128 . Grupo de Investigação do Ensaio sobre Controlo e Complicações da Diabetes. (1995). The relationship of glycemic exposure (HbA 1c) to the risk of development and progression of retinopathy in the Diabetes Control and Complications Trial. *Diabetes*, *44*(8), 968-983.

129 . Grupo de Estudos Prospectivos sobre a Diabetes do Reino Unido. (1998). Controlo intensivo da glicemia com sulfonilureias ou insulina em comparação com o tratamento convencional e risco de complicações na diabetes tipo 2 (UKPD 33). *THE LANCET*, *352*, 977-986.

130 . McCarthy, M. I., Froguel, P., & Hitman, G. A. (1994). The genetics of non-insulin-dependent diabetes mellitus: tools and aims. *Diabetologia*, *37*(10), 959968.

131 . Ramachandran, A., Snehalatha, C., Satyavani, K., Latha, E., Sasikala, R., & Vijay, V. (1999). Prevalência de complicações vasculares e seus factores de risco na diabetes tipo 2. *The Journal of the Association of Physicians of India*, *47*(12), 11521156.

132 . John L, Sundar Rao PSS, Kanagasabapathy AS. (1991). Prevalência de nefropatia diabética em diabéticos não dependentes de insulina. *Indian J Med* Res,

94:24-29.

133 . Kochar, D. K., Rawat, N., Agrawal, R. P., Vyas, A., Beniwal, R., Kochar, S. K., & Garg, P. (2004). Sodium valproate for painful diabetic neuropathy: a randomized double-blind placebo-controlled study. *Qjm, 97*(1), 33-38.

134 . Davies, M., Brophy, S., Williams, R., & Taylor, A. (2006). The prevalence, severity, and impact of painful diabetic peripheral neuropathy in type 2 diabetes. *Diabetes care, 29*(7), 1518-1522.

135 . Vileikyte, L., Peyrot, M., Bundy, C., Rubin, R. R., Leventhal, H., Mora, P., ... & Boulton, A. J. (2003). O desenvolvimento e validação de um instrumento de qualidade de vida específico para neuropatia e úlcera do pé. *Diabetes care, 26*(9), 2549-2555.

136 . Viswanathan, V., Snehalatha, C., Mathai, T., Jayaraman, M., & Ramachandran, A. (1998). Cardio vascular morbidity in proteinuric south Indian NIDDM patients. *Diabetes research and clinical practice, 39*(1), 63-67.

137 . Buse, J. B., & Pignone, M. P. (2007). Primary Prevention of Cardiovascular Diseases in People With Diabetes Mellitus (Prevenção Primária de Doenças Cardiovasculares em Pessoas com Diabetes Mellitus): A Scientific Statement From the American Heart Association and the American Diabetes Association. *Diabetes Care, 30*(6), e58-e58.

138 . Singh, R. B., Bajaj, S., Niaz, M. A., Rastogi, S. S., & Moshiri, M. (1998). Prevalência de diabetes mellitus tipo 2 e risco de hipertensão e doença coronária doença arterial em populações rurais e urbanas com baixas taxas de obesidade. *Revista Internacional de Cardiologia, 66*(1), 65-72.

139 . Mohan, V., Vassy, J. L., Pradeepa, R., Deepa, M., & Subashini, S. (2010). A pontuação indiana de risco de diabetes tipo 2 também ajuda a identificar as pessoas em risco de doença macrovasvular e neuropatia (CURES-77). *The Journal of the Association of Physicians of India, 58*, 430-3.

140 . Bradley, C. (1996). Measuring quality of life in diabetes. *Diabetes Annual,*

10(1), 207-224.

141 . Eljedi, A., Mikolajczyk, R. T., Kraemer, A., & Laaser, U. (2006). Qualidade de vida relacionada com a saúde em doentes diabéticos e controlos sem diabetes em campos de refugiados na faixa de Gaza: um estudo transversal. *BMC Public Health*, *6*(1), 268.

142 . Obtido em http://www.diabetes.org/living-with-diabetes/treatment- and-care/blood-glucose-control/a1c/

143 . Laffel, L. M., Connell, A., Vangsness, L., Goebel-Fabbri, A., Mansfield, A., & Anderson, B. J. (2003). Qualidade de vida geral em jovens com diabetes tipo 1. *Diabetes care*, *26*(11), 3067-3073.

144 . Nilsson, P. M., Lind, L., Pollare, T., Berne, C., & Lithell, H. O. (1995). Aumento do nível de hemoglobina A1c, mas não da sensibilidade à insulina, encontrado em fumadores hipertensos e normotensos. *Metabolism*, *44*(5), 557-561.

145 . Holbrook, T. L., Barrett-Connor, E., & Wingard, D. L. (1990). A prospective population-based study of alcohol use and non-insulin-dependent diabetes mellitus. *American journal of epidemiology*, *132*(5), 902-909.

146 . Kao, W. L., Puddey, I. B., Boland, L. L., Watson, R. L., & Brancati, F. L. (2001). Alcohol consumption and the risk of type 2 diabetes mellitus: atherosclerosis risk in communities study. *American Journal of Epidemiology*, *154*(8), 748-757.

147 . Hodge, A. M., Dowse, G. K., Collins, V. R., & Zimmet, P. Z. (1993). Abnormal Glucose Tolerance and Alcohol Consumption in Three Populations at High Risk of Non-lnsulin-dependent Diabetes Mellitus (Tolerância anormal à glicose e consumo de álcool em três populações com alto risco de diabetes mellitus não dependente de insulina). *American Journal of Epidemiology*, *137*(2), 178-189.

148 . Wheeler, M. L., Franz, M. J., & Froehlich, J. C. (2004). Consumo de álcool e diabetes tipo 2. *DOC News*, *1*(2), 7-7.

149 . Kao, W. L., Puddey, I. B., Boland, L. L., Watson, R. L., & Brancati, F. L. (2001). Alcohol consumption and the risk of type 2 diabetes mellitus: atherosclerosis

risk in communities study. *American Journal of Epidemiology, 154*(8), 748-757.

150 . McMonagle, J., & Felig, P. (1975). Efeitos da ingestão de etanol na tolerância à glucose e na secreção de insulina em indivíduos normais e diabéticos. *Metabolism, 24*(5), 625-632.

151 . Bell, D. S. (1996). Alcohol and the NIDDM patient. *Diabetes care, 19*(5), 509-513.

152 . Nakanishi, N., Suzuki, K., & Tatara, K. (2003). Alcohol consumption and risk for development of impaired fasting glucose or type 2 diabetes in middleaged Japanese men. *Diabetes care, 26*(1), 48-54.

153 . Nathan, D. M., Turgeon, H., & Regan, S. (2007). Relationship between glycated haemoglobin levels and mean glucose levels over time. *Diabetologia, 50*(11), 2239-2244.

154 . Sabanayagam, C., Liew, G., Tai, E. S., Shankar, A., Lim, S. C., Subramaniam, T., & Wong, T. Y. (2009). Relação entre hemoglobina glicada e complicações microvasculares: existe um ponto de corte natural para o diagnóstico de diabetes? *Diabetologia, 52*(7), 1279.

155 . Khaw, K. T., Wareham, N., Bingham, S., Luben, R., Welch, A., & Day, N. (2004). Association of hemoglobin A1c with cardiovascular disease and mortality in adults: the European prospective investigation into cancer in Norfolk. *Annals of internal medicine, 141*(6), 413-420.

156 . Associação Americana de Diabetes. (2003). Padrões de cuidados médicos para pacientes com diabetes mellitus. *Diabetes care, 26*(suppl 1), s33-s50.

157 . Associação Americana de Diabetes. (2004). Screening for type 2 diabetes. *Diabetes care, 27*(suppl 1), s11-s14.

158 . Misra, A., Sharma, R., Pandey, R. M., & Khanna, N. (2001). Adverse profile of dietary nutrients, anthropometry and lipids in urban slum dwellers of northern India. *European Journal of Clinical Nutrition, 55*(9), 727.

159 . Hariri, S., Yoon, P. W., Qureshi, N., Valdez, R., Scheuner, M. T., & Khoury, M. J. (2006). História familiar de diabetes tipo 2: uma ferramenta de rastreio de base populacional para a prevenção? *Genetics in Medicine*, *8*(2), 102-108.

160 . Meyer, L., Manley, S., Frighi, V., Burden, F., Neil, H., Holman, R., & Turner, R. (1994). Estudo Prospetivo sobre a Diabetes no Reino Unido. XII: Differences between Asian, Afro-Caribbean and white Caucasian type 2 diabetic patients at diagnosis of diabetes.

Grupo de Estudos Prospectivos sobre a Diabetes do Reino Unido. *Diabetic medicine: a journal of the British Diabetic Association*, *11*(7), 670-677.

161 . Mitchell, B. D., Valdez, R., Hazuda, H. P., Haffner, S. M., Monterrosa, A., & Stern, M. P. (1993). Differences in the prevalence of diabetes and impaired glucose tolerance according to maternal or paternal history of diabetes. *Diabetes Care*, *16*(9), 1262-1267.

162 . Hu, F. B., Leitzmann, M. F., Stampfer, M. J., Colditz, G. A., Willett, W. C., & Rimm, E. B. (2001). Physical activity and television watching in relation to risk for type 2 diabetes mellitus in men. *Archives of internal medicine*, *161*(12), 15421548.

163 . Schulze, M. B., Heidemann, C., Schienkiewitz, A., Bergmann, M. M., Hoffmann, K., & Boeing, H. (2006). Comparação de características antropométricas na previsão da incidência de diabetes tipo 2 no estudo EPIC-Potsdam. *Diabetes Care*, *29*(8), 1921-1923.

164 . Wei, M., Gaskill, S. P., Haffner, S. M., & Stern, M. P. (1997). Waist Circumference as the Best Predictor of Noninsulin Dependent Diabetes Mellitus (NIDDM) Compared to Body Mass Index, Waist/hip Ratio and Other Anthropometric Measurements in Mexican Americans-A 7-Year Prospective Study. *Obesity*, *5*(1), 16-23.

165 . Misra, A., & Vikram, N. K. (2003). Clinical and pathophysiological consequences of abdominal adiposity and abdominal adipose tissue depots. *Nutrition*, *19*(5), 457-466.

166 . Snijder, M. B., Dekker, J. M., Visser, M., Bouter, L. M., Stehouwer, C. D., Kostense, P. J., ... & Seidell, J. C. (2003). Associações das circunferências da anca e da coxa independentes da circunferência da cintura com a incidência de diabetes tipo 2: o estudo Hoorn. *The American journal of clinical nutrition*, *77*(5), 1192 1197.

167 . Kaur, P., Radhakrishnan, E., Sankarasubbaiyan, S., Rao, S. R., Kondalsamy-Chennakesavan, S., Rao, T. V., & Gupte, M. D. (2007). A comparison of anthropometric indices for predicting hypertension and type 2 diabetes in a male industrial population of Chennai, South India. *Ethnicity & disease*, *18*(1), 31-36.

168 . Berzon, R. A., Donnelly, M. A., Simpson, R. L., Simeon, G. P., & Tilson, H. H. (1995). Quality of life bibliography and indexes: 1994 update. *Quality of Life Research*, *4*(6), 547-569.

169 Obtido em http://www.who.int/substance_abuse/research_tools/whoqolbref/en/

170. Mohan, V., Deepa, R., Deepa, M., Somannavar, S., & Datta, M. (2005). Um Indian Diabetes Risk Score simplificado para o rastreio de indivíduos diabéticos não diagnosticados. *The Journal of the Association of Physicians of India*, *53*, 759-63.

171. Sigal, R. J., Kenny, G. P., Wasserman, D. H., & Castaneda-Sceppa, C. (2004). Physical activity/exercise and type 2 diabetes. *Diabetes care*, *27*(10), 25182539.

172. Pan, X. R., Li, G. W., Hu, Y. H., Wang, J. X., Yang, W. Y., An, Z. X., ... & Jiang, X. G. (1997). Efeitos da dieta e do exercício na prevenção da DMNID em pessoas com tolerância à glucose diminuída: o estudo Da Qing IGT and Diabetes. *Diabetes care*, *20*(4), 537-544.

173. Glasgow, R. E., Ruggiero, L., Eakin, E. G., Dryfoos, J., & Chobanian, L. (1997). Qualidade de vida e características associadas numa grande amostra nacional de adultos com diabetes. *Diabetes care*, *20*(4), 562-567.

174. Horton, E. S. (1988). Role and management of exercise in diabetes mellitus. *Diabetes care*, *11*(2), 201-211.

175. Boulé, N. G., Haddad, E., Kenny, G. P., Wells, G. A., & Sigal, R. J. (2001). Effects of exercise on glycemic control and body mass in type 2 diabetes mellitus: a

meta-analysis of controlled clinical trials. *Jama*, *286*(10), 1218-1227.

176. Di Loreto, C., Fanelli, C., Lucidi, P., Murdolo, G., De Cicco, A.,

Parlanti, N., ... & De Feo, P. (2003). Validação de uma estratégia de aconselhamento para promover a adoção e a manutenção da atividade física por indivíduos diabéticos do tipo 2. *Diabetes care*, *26*(2), 404-408.

177. Smith, S. A., & Vickers, K. S. (2003). Uma estratégia de aconselhamento foi melhor do que os cuidados habituais para adotar e manter a atividade física na diabetes tipo 2. *ACP journal club*, *139*(3), 69-69.

178. Kirk, A., Mutrie, N., MacIntyre, P., & Fisher, M. (2004). Effects of a 12- month physical activity counselling intervention on glycaemic control and on the status of cardiovascular risk factors in people with Type 2 diabetes. *Diabetologia*, *47*(5), 821-832.

179. Currie, C. J., Poole, C. D., Woehl, A., Morgan, C. L., Cawley, S., Rousculp, M. D., ... & Peters, J. R. (2006). A utilidade relacionada com a saúde e a qualidade de vida relacionada com a saúde de indivíduos hospitalizados com diabetes tipo 1 ou tipo 2, com especial referência à diferente gravidade da neuropatia periférica. *Diabetologia*, *49*(10), 2272-2280.

180. Recuperado   de

http://www.nhlbi.nih.gov/guidelines/cholesterol/atglance.pdf

181. Shaw, J. E., Zimmet, P. Z., Gries, F. A., & Ziegler, D. (1999). The epidemiology of diabetic neuropathy (A epidemiologia da neuropatia diabética). *Diabetes Reviews*, *7*(4), 245-252.

182. Vileikyte, L., Peyrot, M., Bundy, C., Rubin, R. R., Leventhal, H., Mora, P., ... & Boulton, A. J. (2003). O desenvolvimento e validação de um instrumento de qualidade de vida específico para neuropatia e úlcera do pé. *Diabetes care*, *26*(9), 2549-2555.

183. Rayber, G. E. (2001). Epidemiologia das úlceras do pé e amputações no pé

diabético. Bowker JH, Pfeifer, MA. *The diabetic foot. 6ª edição St louis, Missouri. Mosby Inc*, 13-32.

184. Vileikyte, L., Peyrot, M., Bundy, C., Rubin, R. R., Leventhal, H., Mora, P., ... & Boulton, A. J. (2003). O desenvolvimento e validação de um instrumento de qualidade de vida específico para neuropatia e úlcera do pé. *Diabetes care, 26*(9), 2549-2555.

185. Goodridge, D., Trepman, E., Sloan, J., Guse, L., Strain, L. A., McIntyre, J., & Embil, J. M. (2006). Qualidade de vida de adultos com úlceras de pé diabético não cicatrizadas e cicatrizadas. *Foot & ankle international, 27*(4), 274-280.

186. Ray, M., & Jat, K. R. (2010). Effect of electronic media on children (Efeito dos meios de comunicação electrónicos nas crianças). *Indian pediatrics, 47*(7), 561-568.

QUESTIONÁRIOS

QUESTIONNAIRE

DC.
No..................................
..

A. GENERAL INFORMATION

Name...Age................

Sex.................

Address...

....

....

Status: Rural / Urban   Phone no.

L...............................M....................................   .

Edu. Qualification...

Occupation...................................

Monthly income-Below Rs 5,000/ 5,000-10,000/ Above 10,000

Family history of diabetes (If yes) mention

relation..

Type of dietary habits- Vegetarian/ Non- Vegetarian/ Ovatarian

At what age did diabetes set in?

....

How long have you been a diabetic-   < 6 months/ 6 months – 5 years/ > 5 years

B. ANTHROPOMETRIC DATA

	I READING	II READING	III READING
Height(cms)			
Weight(kg)			
Waist (cms)			
Hip (cms)			
BMI			

C. CLINICAL ANALYSIS

Suffering from hypertension- Y / N   Since

when... Medication.......................................

BLOOD PRESSURE

	Systolic	Diastolic
I reading		
II reading		

Suffering from hypertension- Y / N   Since
when……………………………………. Medication……………………………………………..

D. BIOCHEMICAL ANALYSIS

Total Cholesterol		VLDL	
TG		FPG	
HDL		PPPG	
LDL		HbA1C	

E. INFORMATION ON RISK FACTORS

1. Do you smoke? - Y / N,   if yes, Type-filtered/ unfiltered/ cigar/ bidi
   Number per day……………………………………….
2. Do you consume alcohol- Y / N,   if yes,
   Type/s……………………………………………………………..
   Drinks per week………………………………………..

F. LIFESTYLE INFORMATION

1. Number of sleep hours ……………………………..
2. T.V. viewing hours   ……………………………..

G. FEMALES

Premenopausal / Postmenopausal

H. COST BORNE BY

- Patient / reimbursement
- Treatment cost
- Travel cost

I. COMPLICATIONS

1. Microvascular complications: Y / N

- Neuropathy   Y / N
- Nephropathy   Y / N

Serum Creatinine	
(24 hour) Protein	

- RetinopathyY / N

Grade	
Treatment	
Current vision	

2. Macrovascular complications: Y / N

- CAD: Y / N   treatment: Stent / CABG
- CVA   Y/ N   persistent   neurodeficit / no deficit
3. Diabetic foot: Y / N,   if yes then: healed / ongoing
4. Anaemia :   Y / N

5. Any other comorbidities?
    Hypothyroidism: Y/N
    Since when: ....
    Any medication: ....

J. TREATMENT

- Oral / inject able
- number of pills
- control: HbA1C

The Diabetes Productivity Measure (DPM)

The following questions are about how your DIABETES influences your ability to be productive or accomplish as much as you would like in your daily life.

- Please check the box ☑ for the answer that most closely represents your experience the <u>PAST TWO WEEKS</u>.

- Remember there are no right or wrong answers to these questions.

1. How OFTEN does your diabetes:

	Never	Rarely	Sometimes	Often	Alwa
a. Prevent you from accomplishing the things that are important to you?	☐	☐	☐	☐	☐
b. Prevent you from concentrating on what you need to do?	☐	☐	☐	☐	☐
c. Interfere with your ability to accomplish your daily activities (such as shopping, errands, cooking)?	☐	☐	☐	☐	☐

2. Because of your diabetes, how OFTEN:

	Never	Rarely	Sometimes	Often	Alwa
a. Do you take longer than necessary to complete tasks?	☐	☐	☐	☐	☐
b. Do you have trouble getting up and being active in the morning?	☐	☐	☐	☐	☐
c. Do you have to limit your daily activities?	☐	☐	☐	☐	☐
d. Do you accomplish less than you would like to?	☐	☐	☐	☐	☐
e. Are you too tired to accomplish as much as you would like to?	☐	☐	☐	☐	☐
f. Do symptoms of low blood sugar (sweating, dizziness) interfere with your ability to perform your daily activities?	☐	☐	☐	☐	☐

If you **WORK FOR PAY** please answer the following questions.

3 Because of your diabetes, how **OFTEN**:

	Never	Rarely	Sometimes	Often	Always
a. Do you have difficulty performing your work duties?	☐	☐	☐	☐	☐
b. Do you have difficulty controlling your emotions with your co-workers?	☐	☐	☐	☐	☐
c. Do you feel less productive at work than you should be?	☐	☐	☐	☐	☐
d. Do you miss work?	☐	☐	☐	☐	☐
e. Do you need to reschedule meetings, arrive late or leave early from work?	☐	☐	☐	☐	☐

4. To what extent do you feel that your diabetes **PREVENTS YOU FROM REACHING YOUR SHORT-TERM GOALS?**

Not at all	Slightly	Somewhat	Very	Extremely
☐	☐	☐	☐	☐

5. To what extent do you feel that your diabetes **PREVENTS YOU FROM REACHING YOUR LONG-TERM GOALS?**

Not at all	Slightly	Somewhat	Very	Extremely
☐	☐	☐	☐	☐

Printed by Books on Demand GmbH, Norderstedt / Germany